中华饮食

徐潜 主编

吉林文史出版社

图书在版编目（CIP）数据

中华饮食／徐潜主编．—长春：吉林文史出版社，
2013.4（2023.7 重印）

　　ISBN 978-7-5472-1558-6

　　Ⅰ.①中… Ⅱ.①徐… Ⅲ.①饮食-文化-中国
Ⅳ.①TS971

中国版本图书馆 CIP 数据核字（2013）第 069077 号

中华饮食
ZHONGHUA YINSHI

主　　编　徐　潜
副 主 编　张　克　崔博华
责任编辑　张雅婷
装帧设计　映象视觉
出版发行　吉林文史出版社有限责任公司
地　　址　长春市福祉大路 5788 号
印　　刷　三河市燕春印务有限公司
版　　次　2013 年 4 月第 1 版
印　　次　2023 年 7 月第 4 次印刷
开　　本　720mm×1000mm　1/16
印　　张　13
字　　数　250 千
书　　号　ISBN 978-7-5472-1558-6
定　　价　45.00 元

序　言

　　民族的复兴离不开文化的繁荣,文化的繁荣离不开对既有文化传统的继承和普及。这套《中国文化知识文库》就是基于对中国文化传统的继承和普及而策划的。我们想通过这套图书把具有悠久历史和灿烂辉煌的中国文化展示出来,让具有初中以上文化水平的读者能够全面深入地了解中国的历史和文化,为我们今天振兴民族文化,创新当代文明树立自信心和责任感。

　　其实,中国文化与世界其他各民族的文化一样,都是一个庞大而复杂的"综合体",是一种长期积淀的文明结晶。就像手心和手背一样,我们今天想要的和不想要的都交融在一起。我们想通过这套书,把那些文化中的闪光点凸现出来,为今天的社会主义精神文明建设提供有价值的营养。做好对传统文化的扬弃是每一个发展中的民族首先要正视的一个课题,我们希望这套文库能在这方面有所作为。

　　在这套以知识点为话题的图书中,我们力争做到图文并茂,介绍全面,语言通俗,雅俗共赏。让它可读、可赏、可藏、可赠。吉林文史出版社做书的准则是"使人崇高,使人聪明",这也是我们做这套书所遵循的。做得不足之处,也请读者批评指正。

编　者

2012 年 12 月

目 录

中国食俗

食俗就是饮食的风俗，又称食风、食规，是指有关食物在筛选、组配、加工、销售与食用过程中所形成的风俗习惯。中国的食俗出现很早，而且涉及社会生活的各个方面，不仅过年过节有食俗、访亲拜友有食俗，纪念历史人物也有食俗。而且，中国地域广阔，是一个多民族的国家，人们信奉各种宗教，自然就形成了宗教信仰食俗。各式各样的食俗构成了中国饮食文化的重要组成部分。

一、除夕饺子

食俗就是饮食的风俗，又称食风、食规，是指有关食物在筛选、组配、加工、销售与食用过程中所形成的风俗习惯。中国的食俗出现很早，而且涉及社会生活的各个方面，不仅过年过节有食俗、拜亲访友有食俗，纪念历史人物也有食俗，而且，中国地域广阔，是一个多民族的国家，人们信奉各种宗教，自

然就形成了宗教信仰食俗。各式各样的食俗是中国饮食文化的重要组成部分。

自古以来，我国民间就有吃饺子的习惯，饺子馅各种各样，如芹菜馅、韭菜馅、牛肉馅、鱼肉馅等，制作方法也五花八门，如蒸饺、煮饺、煎饺等。人们喜欢在破五

（农历正月初五）吃饺子，入伏吃饺子，冬至吃饺子，尤其喜欢在除夕吃饺子。要说这除夕饺子，不仅做法吃法都很讲究，更象征着团圆、喜庆，成为中国食俗的一大景观。

我们都知道除夕夜要吃饺子，可是饺子从何而来，又为什么要在除夕夜吃呢？关于这个问题还有一个民间传说。相传东汉末年各地灾害严重，很多人饱受饥寒之苦，有的甚至双耳冻伤。南阳有个张仲景，不仅医术高明，而且医德高尚。他看见百姓受疾病折磨，心里非常难受，决定为老百姓治病。由于人多，他和弟子在空地架起帐篷，支起一口大锅，煎熬羊肉、辣椒和一些驱寒的药材，再用面皮把它们包成耳朵形状，煮熟之后和汤一起送给人们服用。张仲景的药名叫"祛寒娇耳汤"，老百姓喝了祛寒汤后浑身发热，血液通畅，从冬至吃到除夕，不仅抵御了寒冷，还治好了耳朵的冻伤。于是，人们就在庆祝新年时一起庆祝耳朵复原，模仿张仲景的方法制作这种食物，称其为"娇耳"。以后，为了纪念张仲景，人们常在春节吃"娇耳"，渐渐形成习俗，逢年过节没有"娇耳"吃是万万不行的，这段故事里说的"娇耳"就是现在的饺子。从这则故事看，

饺子和除夕吃饺子的习俗可能都起源于张仲景的"娇耳"。

关于饺子的起源，不仅有民间传说，也有实物和史料考证。1959年在丝绸之路的要塞吐鲁番，从一千四百年前的王墓中出土了作为随葬品的被风干了的完整的饺子，这是迄今为止发现的最古老的饺子，由于当时我国还没有关于饺子的史料记载，就产生了一种说法：饺子起源于中亚，其后普及到全世界，出现了藏饺、沙俄饺、印度饺等，后来传到了中国。还有人认为饺子源于古代的"角子"，是由南北朝至唐朝时期的"偃月形馄饨"和南宋时的"燥肉双下角子"发展而来，距今已有一千四百年历史。关于饺子的史料，最早可追溯到汉代扬雄《方言》中关于馄饨的记载，后三国时魏人张揖的《广雅》中也提到类似饺子的食品。饺子在历史发展中有过很多名称，文献中就出现过"娇耳"、"扁食"、"汤中牢丸"、"时罗角儿"、"粉角"等等，现在南方人说的"馄饨"也是饺子的另一种叫法。可见，饺子的历史十分悠久。

至于除夕夜吃饺子，可追溯到明朝。明初，人们常用饺子祭神敬祖，而且要在除夕夜十二点之前把饺子吃掉，因为此刻正是子时，且值年岁更替，吃饺子（交子）可取"更岁交子"之意，有喜庆团圆、吉祥如意的意思。后来的人们沿袭了这个传统，每年都会在除夕夜十二点之前吃饺子。

随着历史发展，除夕吃饺子早已不仅仅限于"更岁交子"一个意义。春节是中国人最重大的节日，在春节期间，长辈们都会停下手中的工作在家休息，给家人添置新衣新物，并且包饺子庆祝新年，子女们则不管多远，都会赶回家和亲人团聚，一家人围在一起吃饺子，其乐融融，饺子就这样带上了团圆的色彩。在艰苦年代，饺子作为庆祝春节的食物，对穷人来说是一种奢侈品，很多家庭一年也吃不上几顿饺子，除夕饺子成了一家人心中的期盼，盼除夕饺子，就好像盼着来年的平安、幸福。小小的饺子成了与家人团聚的象征，成了新的一年希望与收获的象征，与中华民族的传统文化相结合，渗入每个家庭、每个人的心中。

除夕饺子不仅意义独特，从选材到煮法、摆法、吃法都有特殊的讲究。

首先是选材。包饺子是件麻烦事，要擀饺子皮，还要和饺子馅。饺子馅有多种，常见的就有猪肉馅、羊肉馅、牛肉馅、三鲜馅、芹菜馅、酸菜馅、白菜馅、野菜馅、鸡肉冬笋馅、鱼肉韭黄馅、香菇肉馅、香菜馅、西瓜皮馅、茴香

馅、番茄鸡蛋馅……其中以猪肉馅最为正宗，可与任何蔬菜搭配。除夕时人们包饺子选馅不仅要根据个人口味，还要考虑饺子馅中蕴含的意义。人们通常会根据饺子馅的发音，取它们的谐音意义，在各种各样的饺子馅中寄寓美好的心愿。比如芹菜馅有"勤财"谐音，顾名思义，是对勤奋务实的鼓励和追求；韭菜馅中有"久财"之意，是祈求长久的物质财富，也是对天长地久的祈祷；酸菜馅中酸菜就是"算财"，计算自己的财富；白菜馅是"百财"馅，是对百样之财的祈福；野菜馅是"野财"之意，绿色、健康的意外之财，谁不喜欢呢？此外，还有些饺子馅像香菇馅，人们根据香菇向上鼓起的形状赋予它努力、进取、向上发展的意义；牛肉、羊肉馅中的牛、羊也都是吉利的字眼。饺子馅中都带有美好的祝福，除夕时吃进这种祝福，来年就有个好运气。

其次是煮饺子。除夕夜煮饺子烧火用的柴草要用豆秸秆或芝麻秸秆，代表火越烧越旺，来年的日子像芝麻开花——节节高。锅里煮饺子不能乱搅，要顺着一个方向，贴着锅沿铲动，形成圆形，有"圈福"的意思。有些地方煮饺子时还要加入少许面条共煮，与饺子一起吃，细细的面条和元宝形的饺子在一起，寓意"银丝缠元宝"，图个吉利，寄托人们的美好希望。

饺子煮好后，不能胡乱摆放，先在中间摆放几只元宝形饺子，然后绕着元宝一圈圈地向外逐层摆放整齐，意思也是"圈福"。有的人家甚至规定，盖帘无论大小，每只盖帘上要摆放九十九个饺子，意思是"久久福不尽"。关于这个习俗，还有一段有趣的故事：很久以前，有一户人家很穷，大年三十家里没有面也没有菜，听着邻居剁菜包饺子心里非常着急。没有办法，只好向亲友借来白面，又胡乱弄了点杂菜凑合成馅，包起了饺子。因为饺子格外珍贵，就一圈一圈由里到外摆得非常整齐，也很美观，刚刚从天庭回来的灶王爷看了很高兴。

和这户人家同村的有个财主，平时吃惯了山珍海味，根本不把过年这顿饺子放在眼里。财主家用肉、蛋等料包成了饺子后，胡乱放在盖帘上，灶王爷看了很不高兴。吃饺子时，财主家的猪肉馅变成了杂菜馅，而那户穷人的饺子却变成了肉蛋馅的。原来，是灶王爷对财主家包饺子的态度很不满意，为了惩罚他，就把两家的饺子给暗中调了包。这件事传开后，人们都把年三十的饺子摆放得整整齐齐，以讨个"圈福"的彩头。

最后是吃饺子。除夕的年夜饭有很多种，其他的可以不吃，但饺子是必须要吃的，吃饺子时还不能囫囵吞枣，得慢慢品尝，因为说不定哪个饺子里就有一枚硬币。除夕包饺子时，通常会放几个硬币在饺子馅里，谁有幸吃到，就表示在新的一年里会有钱花，或长命百岁。此外，有些老人还会边吃边念"菜多，菜多"（财多）等吉语。饭后，盛饺子的盘、碗，乃至煮饺子的锅，摆放生饺子的盖帘上，都必须故意留下偶数饺子，意思是"年年有余"。

俗话说："舒服不过倒着，好吃不过饺子。"饺子不仅味美，还为中国人的春节增添了说不尽的节日气氛，意义更美，真可谓是中国第一"美"食。

中国食俗

二、元宵节元宵

农历正月十五，是我国传统的元宵节。在我国古代，正月被称为元月，也被称为"宵"，而正月十五的晚上又是一年中第一个月圆之夜，人们在这一天举行祭祀或庆祝活动，所以称正月十五为元宵节。按习俗，每到元宵节这一天，人们都会观灯、走百病，但最流行的莫过于吃元宵（南方称汤圆）。那么，为什么要在元宵节吃元宵呢？关于这个问题，民间流传着几种说法，较常见的一种是与楚昭王有关的。

相传春秋末年，楚昭王在回国的途中经过长江，发现江面上漂浮着一个白色的圆形物体，船工便把它捞起来献给楚昭王。昭王把圆形物体剖开，见里面的瓤红得像胭脂一样，闻起来香味扑鼻，吃起来味道甜美，便问左右大臣这白色的圆形物体是什么。大臣们都没见过这种食物，没有人答得上来，楚昭王就命令人去请教孔子，孔子说："此浮萍果也，得之者主复兴之兆。"楚昭王听了十分高兴。因为这天正好是正月十五，所以楚昭王以后每逢正月十五这一天都会让人用面粉仿制这种食物，并煮熟了吃，以盼吉祥好运。从此，便产生了正月十五吃元宵的习俗，并一直流传至今。

这种说法当然只是传说，并无确凿根据。根据史料记载，元宵节起源于两千多年前的西汉。汉高祖刘邦死后，大权渐渐落入吕后手中，吕后家族也逐渐扩大了势力，吕后一死，吕氏家族担心权力不保，便发动了叛乱。汉朝众臣在正月十五这一天平定了吕后家族的叛乱，为了庆祝胜利，汉文帝大赦天下，与百姓同乐，并把正月十五定为元宵节。到汉武帝时期，元宵节已经成为一个重大的节日，祭祀"太一神"（主宰宇宙一切的神）的重大活动也在这一天举行。由此可见，元宵节最晚产生于西汉时期，但是当时的史料并没有记载在元宵节吃元宵的习俗。

关于元宵节吃元宵，史料最早见于南宋诗人周必大的《平园续稿》，书中有"元宵煮食浮圆子，前辈似未曾赋此"的记载，从这句话中可以看出，在南宋以前，人们就已经开始在元宵节食用"浮圆子"了，只是并没有人记载此事。这里所说的"浮圆子"就是元宵。南宋时的浮圆子由糯米制成，有实心和带馅两种，做法是"秫粉包糖，香汤沐之"，因其煮熟之后就会上浮，当时的人们就称它为浮圆子，又因为浮圆子是圆形，人们也称它为汤团、汤圆。当时，人们吃的浮圆子品种已经非常丰富，常见的就有珍珠圆子、乳糖圆子、山药圆子、金橘水团、澄沙团子和汤团等多种。后来，因为浮圆子是元宵节的节令食品，人们逐渐就叫它"元宵"，元宵才成了这种食物的名字。从宋朝发展到明朝，元宵节吃元宵这一习俗在北方已经非常普遍了，据《明宫史》记载，当时的元宵"其制法用糯米细面，内用核桃仁、白糖、玫瑰为馅，洒水滚成，如核桃大，即江南所称汤圆也"，可见，当时的元宵已经和今天北方的元宵一样了。到清朝时，元宵佳节吃元宵的食俗已经非常流行了，清朝诗人李调元就曾作诗对元宵节的景象作如下描绘："元宵争看采莲船，宝马香车拾坠钿。风雨夜深人散尽，孤灯犹唤卖汤圆。"可见，元宵已经成为元宵节必备的食物。

那么，元宵节为什么要吃元宵呢？具体的原因已经不重要了，因为长期以来，人们都根据元宵团团圆圆的形状赋予它团团圆圆的意义，而汤团、汤圆这些名称也与团圆字音相近，因此，元宵就一直象征着全家人团团圆圆，和和美美。元宵节这天，月亮正圆，人们吃元宵就有了"团团如月"的美意，不但象征着团圆，更寄托了对生活的美好愿望。直到今天，正月十五人们阖家欢聚时还每人端一碗热腾腾的元宵，感受着月圆人圆的气氛。

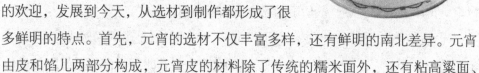

元宵作为元宵节的节令食品一直非常受人们的欢迎，发展到今天，从选材到制作都形成了很多鲜明的特点。首先，元宵的选材不仅丰富多样，还有鲜明的南北差异。元宵由皮和馅儿两部分构成，元宵皮的材料除了传统的糯米面外，还有粘高粱面、

中国食俗

7

黄米面和包谷面等。形成南北差异的主要是元宵馅儿，北方的元宵一般有桂花白糖、豆沙、枣泥、芝麻、山楂、五仁等甜味馅儿；南方称元宵为汤圆，馅心一般是酸菜、肉丁、豆干、火腿、猪油、笋肉等荤素兼有的咸味馅儿。近年，元宵的南北差异逐渐模糊，"汤圆"这种叫法逐渐流行，很多经典的品种如橙羹小汤圆、拔丝小汤圆、核桃酪汤圆、肉汤圆和酒锅汤圆等，无论甜还是咸在南北都很受欢迎。此外，汤圆中还出现了玫瑰椰露汤圆、香蕉奶皇汤圆、雪中送炭汤圆、桂花南瓜汤圆、心汤圆、三色汤圆等新奇的品种，可见，元宵的选材越来越丰富多样。

其次，元宵的制作在南方和北方也有差别。我国南方人做元宵时，会先用水将糯米粉做成元宵皮，然后再包馅；北方人则习惯先把元宵馅儿捏成均匀的小球，放在铺有干糯米粉的箩筐里不断摇晃，不断加入清水使馅儿粘上越来越多的糯米粉，一直到大小合适。制作元宵时，并没有固定的大小，但一般会把元宵做成核桃或黄豆大小，核桃大的元宵较常见，一般都是带馅儿的；黄豆大的元宵一般没有馅儿，被称为"百子汤圆"或"珍珠汤圆"，一般和着蜜或糖吃。

元宵做好了，就要讲一讲如何烹制了。元宵一般用水煮，下锅前先用手轻轻捏一下元宵，使它稍微带有一点裂痕，这样煮出来的元宵比较容易熟，软滑可口；元宵下锅后用勺背轻轻推一推以免粘锅底；元宵浮起后要改用小火煮，否则元宵会不断翻动，因为受热不均而外熟内硬；每次水开时应加入适量的冷水，使锅内保持平静的状态；这样开两三次后元宵就熟了，会十分松软香甜。元宵的烹制方法多种多样，除了常见的用水煮外，还可以油炸或干蒸。炸元宵一般是炸熟元宵，如果是生元宵的话，可以先将元宵粘上鸡蛋清再放进锅里炸，这样炸出来的元宵有鸡蛋香味。需要注意的是，炸元宵之前，要用针在元宵上扎两个小孔，以免元宵炸裂溅油伤人。蒸元宵时一般把元宵放在涂了油的金属盘里，再放进锅里蒸熟，熟后取出撒上绵白糖就可以吃了。

元宵虽美味，食用时也需注意不可贪多。一因元宵是由糯米做成，比较粘，不易消化。因此，一般大小的元宵普通人吃五个左右即可，消化不好的人或病

中华饮食

人更要少吃。其次，元宵馅儿的含糖量比较高，糖尿病患者切忌多吃。吃元宵如果贪嘴不注意上面两点的话，很容易身体不适。

　　年年有正月，岁岁闹元宵，元宵佳节已经陪我们走过了两千多年。随着生活水平的提高，人们已经很少自己制作元宵食用了，一般都是买现成的回家做熟了直接吃。小小的汤圆，陪人们度过了一个又一个元宵节，企业生产使元宵逐渐成为人们的日常食品。不过，何时吃元宵都不如在元宵节吃，因为元宵节吃元宵意在祝福，表达了人们祈求新的一年事事如意的美好愿望，人们也只有在正月十五圆圆的月亮下品尝甜美的元宵，才能感受到元宵中蕴含的团圆温馨。

中国食俗

三、立春春饼

中国人有"啃春"的习俗，每到立春这天，人们都会擀出几张薄薄的春饼，卷上酱肉丝、豆芽菜等，美美地吃上一顿迎春美食。要了解我国人民立春吃春饼的习俗，要先从立春说起。

立春作为我国二十四节气之首，早在春秋时期就出现了。"立"是开始的意思，"春"表示季节，"立春"无疑就是春天的开始。我国自古就是农业国，

春天是播种的季节，民间有"一年之计在于春"的谚语，人们热爱春天，重视春天，因此，在古代立春不仅是春天的第一个节气，还是一个重大的节日，人们会在立春这天举行相应的活动迎接春天的到来。据文献记载，早在周朝时期，我国就产生了庆祝立春的仪式，这一风俗已经有了三千多年的历史。在历史发展中，庆祝立春的活动多种多样，吃春饼就是其中的一种。所谓春饼，又叫荷叶饼，其实就是一种烫面薄饼，在两小块面中间抹油后擀成薄饼，烙熟后可以揭成两张。春饼是用来卷菜吃的，菜既可以是熟食也可以是炒菜。

追溯春饼的由来，已有一千多年的历史。据文献记载，早在东晋时期，人们就开始在立春之日食用"春盘"，人们将春饼和菜同放在一个盘内称为"春盘"，因为盘内的菜一般是和五辛一起摆放，所以"春盘"又称"五辛盘"，五辛即葱、蒜、椒、姜、芥五种辛辣蔬菜，这些蔬菜不仅可以驱寒，还可以杀菌，古人立春食用五辛，有迎新之意。到唐宋时期，五种辛辣食品逐渐被萝卜等生菜代替，人们吃春盘的风气也逐渐盛行，不仅民间互相馈赠春盘，连皇帝都以春酒春饼赐予百官近臣，当时的春盘极为讲究，不仅做得极其精巧，而且很名贵，有的甚至可以价值万钱。

立春吃春饼的习俗真正流行起来是在明清时期，那时候，薄薄的春饼已经

代替了盛菜的盘子，人们用春饼包着菜吃。在明朝，立春吃春饼首先受到宫廷的重视，每到立春这一天，宫里都会赐百官春饼，以表示祝福，这种场面十分壮观。而到了清朝，随着烹调技术的提高，春饼出现了变体，被改成了小巧玲珑的春卷，不仅是深受喜爱的民间食品，还成为宫廷的糕点之一，成为满汉全席九道点心之一。清宫喜欢春卷，也讲究立春吃春饼，清宫吃春饼，要包上鹿肉、熏猪肉、野鸡、关东鸡、鸭子、酱瓜、胡萝卜、干扁豆、葫芦条、宽粉、绿豆粉、香油、甜菜等，十分讲究。到了乾隆时期，立春这一天不但皇帝要吃春饼，连供品也都是春饼，可见清朝时期宫廷对立春吃春饼的重视。在民间，立春吃春饼的风俗也极为流行，一到立春，市井上的饮食店里就争相出售春饼，门前摆上春饼的价格、品种、用料等，用来吸引顾客，当时的讲究人家都在店铺里买春饼吃。立春吃春饼这一习俗在明清时期十分受重视，不仅流行广泛，还具有制作精益、品种繁多的特点，充分展现了立春春饼的迎春意义。

明清两代是立春文化的鼎盛时期。辛亥革命以后，清朝退出历史舞台，立春的官方礼俗骤然消亡，而民间的习俗也随之逐渐平淡，立春不再是重大节日，而仅仅是二十四节气之一，春饼作为立春的节令食品虽然保留了下来，但也逐渐变得简单，菜样逐渐变得单调，每家每户做的春饼也不像以前那么讲究了。

虽然程序变简单了，立春吃春饼这一习俗却一直保留到今天，如今，人们还是会在立春吃上一顿春饼。由于都是自己家制作，形成了简单美味的特点。春饼的制作非常简单，包括两部分：春饼和菜的制作。春饼是用白面擀成圆形，大的如团扇，小的像碗碟，经烙制或蒸制而成，烙（蒸）时每张饼上的一面抹些香油，两页为一合，吃时则很容易揭开。配菜俗称"和菜"，除必备的葱丝和甜面酱外，其他菜可据一家人爱好准备，其中热菜一般有炒粉丝、炒豆芽、摊黄菜(鸡蛋)、炒韭菜，土豆丝、豆腐干、肉末炒粉丝等，另外还有酱肘子、熏肘子、大肚儿、小肚儿、香肠、烧鸭、熏鸡、清酱肉、炉肉等熟食，一般人家都是选其中的一样或几样制作。

春饼和菜都准备好了，就要讲一讲如何

卷春饼了。春饼配菜很多，要将它们顺利地送入口中，功夫全在春饼的卷法上。卷春饼很有讲究，卷出来的饼力求直挺圆整，松紧适中，以吃到最后始终不松散为佳。要做到这样很不容易，这里介绍一个小技巧。将筷子放在春饼上，将春饼的一边顺着筷子卷起来，下端往上包好，用手捏住，再卷起另一边，卷好了放在盘子上，再将筷子一根一根地抽出来。手法高的人卷出的春饼，卷的大小会跟自己的嘴一样大，方便咬食。老北京人在卷春饼这方面最为讲究，他们卷春饼一定要卷成筒状，从头吃到尾，俗语叫"有头有尾"，取吉利的意思。吃春饼时，全家围坐一起，为吃得热乎，把烙好的春饼放在蒸锅里，随吃随拿，其乐融融。实际上，吃春饼的乐趣多半在于自己动手揭饼、抹酱、取菜、卷饼，然后放入口中，这样吃很有乐趣，春饼的味道反倒在其次了。

如今，春饼这一极具传统特色的食品早已走进现代化的餐饮店，四季皆卖，人们随时可以品尝到味道香美的春饼。吃起春饼来，正如苏东坡在一首诗中写的那样："渐觉东风料峭寒，青蒿黄韭试春盘。"试了春盘，吃了春饼，春天也就来了。

四、端午粽子

粽子，是中国人每年农历五月初五过端午节时必吃的一种美食。在世界上有华人的角落，无论是内地还是海外的唐人街，一到端午节前夕，都会按照传统，提前准备各种各样的粽子应节。中国人端午节吃粽子的习俗由来已久，源远流长。那么，端午粽子由何而来呢？

民间一般认为，粽子出现于屈原所处春秋时代的楚国。相传楚国忠臣屈原在五月初五这天投汨罗江悲愤而死，楚国的老百姓知道后十分悲痛，纷纷赶到江边悼念屈原。为了避免鱼虾伤害屈原的尸体，人们想了一个办法，他们把米装进竹筒投入江中。以后，为了表示对屈原的崇敬和怀念，每到五月初五这一天，人们便用竹筒装米，投入江中祭奠，从未间断。这就是我国最早的粽子——"筒粽"的由来。为什么后来又用艾叶、苇叶、荷叶包粽子呢？《初学记》中有这样的记载：汉代建武年间，有个叫欧回的长沙人梦见一个自称是屈原的人，他对欧回说："你们给我的祭祀品虽好，竹筒中的粽子却总是被蛟龙偷吃，以后你们就用菰叶把竹筒塞上，再缠上彩丝，蛟龙就不会偷吃了。"以后，人们就在端午节用"菰叶裹黍"做成粽子祭祀屈原，并产生了吃粽子的习俗。

这是流传最广的说法，此外，还有几则关于粽子的民间传说。一个是说吃粽子是为了纪念伍子胥。伍子胥是楚国人，他在父兄被楚王杀害后奔向吴国，帮助吴国伐楚，成功后反遭陷害，被吴王赐死。伍子胥死前说："我死后，将我的眼睛挖出悬挂在吴京之东门上，以看越国军队入城灭吴。"后自刎而死。吴王夫差知道后大怒，将伍子胥的尸体装在皮革里，于五月初五投入大江。另外一个传说认为粽子也是为了纪念现代著名革命女诗人秋瑾。秋瑾28岁时参加革命，影响很大，预谋起义，开会时被清兵所捕，光绪三十三年六月初五英勇就义。后人敬仰秋瑾的诗和其忠勇事迹，她又是在六月初五牺牲，于是

就把她与五月初五去世的爱国诗人屈原联系在一起，于五月初五端午节一起吃粽子纪念。

这些说法当然只是传说，实际上，粽子在屈原时代之前就已经有了。根据学者研究，粽子的起源与宗教祭神有关，粽子在北方原为角黍，在南方为筒粽。在古代北方，黍是一种主要农作物，在人们的日常饮食中有重要地位，殷朝时，

人们每年都会用黍祭祀祖先和神灵，而且还要举行用牛角来祭黍的仪式，后来，就逐渐出现了祭神、祭祖的食品角黍，这就是最早的粽子。这时候古人吃粽子的时间是每年夏天和端午，和屈原并没有关系。在南方，筒粽产生于民间的一种宗教祭祀活动。人们无法解释一些自然灾害，便认为龙是拥有最大法力的神，能保护他们。于是，每年的五月初五，他们就举行盛大的图腾祭祀活动，把各种食物装在竹筒里或树叶里，一起扔进水中给龙吃，剩一些自己吃，这就是南方最初的粽子。

随着历史的发展，到南北朝时期，人们已经将最早作为祭祀品的北方角黍与南方筒粽统称为"粽子"，粽子的品种也逐渐增多，米中掺杂了肉、板栗、红枣等，一些粽子还用作交往的礼品，而此时也逐渐产生了粽子源于百姓祭奠屈原的说法。唐朝时，粽子在民间已经成为节日和四季出现于市场上的美味食品，而且有了专卖店，品种有锥粽、菱粽、七子粽、角粽、九子粽等等，九子粽是形状像三角形的小粽子串在一起而成的，据说唐明皇吃了九子粽赞不绝口，还赋诗称赞："四时花竞巧，九子粽争新。"到了宋代，出现了"以艾叶浸米裹之"的"艾香粽子"，还有了以枣、栗、柿子、银杏、赤豆为馅的粽子。到了明代，不仅开始用芦叶包粽子，粽子馅也更为丰富，有蜜糖、豆沙、猪肉、松子仁、枣子、胡桃等各种品种。清朝清乾年间，出现了至今还很受欢迎的火腿粽子。

粽子发展到今天，品色花样越来越丰富，其品种之多、风味之异以及花式之繁，可谓数不胜数，已成为中华民族饮食文化的一道风景线。粽子叶因地域不同，所选的原料也不一样，常用的有芦叶、菰叶等。而粽子的区分主要还是根据粽子的用料，大体可以分为纯米粽子和带馅粽子两种，此外也有一些地区

中华饮食

食用夹果粽、豆粽、荤料粽等。我国北方一般食用纯米粽子蘸糖吃或加一些小枣、红豆沙、芝麻做成甜口馅，南方则多食用咸馅的粽子，西北地区一般吃夹果粽、豆粽、荤料粽等。此外，粽子的形状一般是由南到北逐渐减小，南方的大粽子很出名，广西南宁有一种大肉粽，每只重约两斤，以肥猪肉、绿豆为馅，清香甘润不油腻。在诸多粽子中，以南方的咸馅粽子较为受欢迎，尤其以江南的粽子名声最盛，不仅馅变化多端，粽子的糯米原料也预先用酱油浸渍，与肉馅相蒸，香味扑鼻。此外著名的还有浙江嘉兴五芳斋粽子、湖州诸老大粽子、苏州粽子、西湖的辣粽、山东黄米粽、贵州的酸菜粽、北京粽子、台湾粽子、西安蜂蜜凉粽等，这些粽子风味都很别致。

尽管粽子品种多样，风味各异，买来吃更简便美味，但很多人还是会在端午节当天亲自动手做粽子吃。做粽子要提前准备，人们往往五月初一就开始买粽叶，买回来后用清水泡上，然后再一张张放在平整的地方刷洗干净。糯米也要用水浸泡，水沥干后就可以包粽子了。包粽子很有讲究，不同的粽叶和粽馅要求的松紧程度不同，各种粽子都必须做到松紧适中，因为粽叶包松了会往外漏米，包紧了粽子又会收缩，吃起来不爽口。煮粽子时，一定要等水烧开以后再下粽子，水要浸过粽子表面，等水再次沸腾以后再用旺火煮，在煮粽子的过程中不要添生水，煮好以后趁热取出。

粽子香味特殊，吃的时候打开粽叶香味就会扑鼻而来。吃粽子时，可以适当喝些茶水或糖水帮助消化，最好配一些蔬菜、水果一起吃，这是因为虽然粽子清香可口，却因其油性及黏性较大，容易引起消化不良，并由此产生胃酸分泌增多、腹胀、腹痛、腹泻等症状，所以吃粽子不可贪食。另外，肉粽及猪油豆沙粽等油腻的粽子含有较多脂肪，高血脂、动脉硬化、高血压、冠心病患者食用后，会增加血液黏稠度，影响血液循环，因此，有上述病症的人不宜食用此类粽子。

端午节吃粽子的习俗千百年来盛行不衰，不仅如此，还流传到日本、朝

鲜、越南等国，成为中国食俗的一大景观。年年端午节，年年粽子香，当大街小巷飘满粽子的清香时，端午就到了，天气也变热了，用一句谚语来说就是："食过五月粽，寒衣收入杠，未食五月粽，寒衣不敢送。未食五月粽，寒衣不入柜，食过五月粽，不够百日又翻风。"这端午的香粽不仅送来了温暖，让我们一饱口福，还能使人们受到爱国主义的教育。因此，尽管我们的端午节已经有了香包、艾草等装饰和赛龙舟等活动，却也永远缺不了喷香的粽子。

五、中秋月饼

每年的农历八月十五，是我国的传统节日——中秋节，中秋节吃月饼，是我国民间的传统习俗。每逢中秋皓月当空，人们都会全家团聚在一起，边品月饼边赏月，享受家庭的幸福、生活的美满。提到中秋，人们必然会想起月饼，中秋月饼已经成了团圆美满的代名词。那么，你知道中秋吃月饼的习俗由何而来吗？

关于这个问题，民间有很多传说。一说是关于唐太宗的。唐太宗李世民北征突厥，八月十五凯旋回京，当时有个经商的吐鲁番人向唐太宗献饼祝捷，太宗接过华丽的饼盒，取出彩色的圆饼，笑着指向空中的明月说："应将胡饼邀蟾蜍（月亮）。"说完，唐太宗把饼分给群臣一起吃，从此就有了中秋吃月饼的习俗。另一则传说和唐玄宗有关。相传一个八月十五之夜，唐玄宗李隆基在宫中赏月，身旁道士罗公远变法术将手中的拐杖扔向空中，化为一道银色的长桥，罗公远邀玄宗同游月宫。两人走过长桥，眼前忽现一座宫院，上面写着"广寒清虚之府"，罗公远告诉玄宗这就是月宫，他们在月宫受到热情款待，不仅吃了可口的仙饼，还欣赏了天仙们表演的轻歌曼舞。回到人间后，唐玄宗命人仿制月宫的仙饼，因为这种饼是月中之物，而且形状像圆月，所以人们称它为"月饼"，此后，便产生了中秋吃月饼的习俗。

关于中秋吃月饼的由来众说纷纭，还有人说中秋吃月饼是为了纪念元代末年的农民起义，更有甚者将月饼与远古传说中的后羿射日、嫦娥奔月联系在一起。实际上，中秋节与月饼并非自古就有关联的。虽然我国古代就有春天祭日、秋天拜月的传统，但中秋节成为固定的节日始于唐朝初年，直到宋代才盛行起来，此时，吃月饼的习俗才逐渐产生，但并没有在民间广泛流行，只有宫廷才有中秋吃"宫饼"的习惯。据史料记载，当时的月饼是蒸出来的，制作方法还未定形，只是一种发面饼而已，在民间俗

称"小饼"、"月团",苏东坡有诗说道:"小饼如嚼月,中有酥和怡。"

到了明朝,中秋吃月饼的习俗才开始在民间广泛流行起来。明朝时的中秋

节,已经是仅次于春节的第二大节日了,人们在中秋节这一天,都会制作月饼馈赠亲友或自己食用,有史料记载:"八月十五谓之中秋,民间以月饼相遗,取团圆之意。"当时心灵手巧的饼师,还会把嫦娥奔月的神话故事作为图案印在月饼上,使月饼成为受人喜爱的中秋佳节必备食品。

明朝的月饼已经出现了很多种馅,大小和形状也有很多种,名称更是多种多样,典型的是山西地区,不仅有为男人准备的月牙月饼、为女人准备的葫芦月饼,还有专为儿童准备的孙悟空、兔儿爷等小巧的月饼。到了清代,中秋吃月饼已成为一种普遍的风俗,而且月饼的制作工艺有了较大提高,清人袁枚在他的《随园食单》中介绍:"酥皮月饼,以松仁、核桃仁、瓜子仁和冰糖、猪油作馅,食之不觉甜而香松柔腻,迥异寻常。"当时的月饼品种也不断增加,月饼已经成为我国南北各地的中秋美食,和现代非常相似。

现在,月饼不仅是中秋节必吃的节令食品,也作为一种传统糕点四季生产。月饼的形状除了传统的圆形外,还有方形、八角形、三角形、长方形等,不仅如此,我国各地的月饼还各有特色,形成了风格各异的品种。在各地的月饼中,较受欢迎的有京式月饼、广式月饼、苏式月饼、潮式月饼及川式、滇式月饼等。京式月饼是北京的传统食品,也是北方月饼的代表,它在制作中吸取了宫廷膳食的特点,多采用冰糖、青丝、玫瑰、麻油等作为原料,出名的品种有提浆月饼、翻毛月饼、红月饼、白月饼等;广式月饼把北方月饼和西式糕点融为一体,皮薄馅大,别具特色,面皮用砂糖糖浆、油料、饴糖等和面制作而成,馅一般有豆沙、椰蓉、五仁、腊肉、腊肠等,广式月饼不仅在国内十分畅销,在国外也享有盛名。另外,苏式月饼的历史也十分悠久,具有皮酥、馅香、色黄、油润的特点,多为果仁、果料馅;潮式月饼主要品种有绿豆沙月饼、乌豆沙月饼等,饼身较扁,饼皮洁白;川式月饼融合了四川民间百技,是兼备广式、苏式月饼的

传统风味又掺有四川风味的一种月饼，代表品种有玫瑰月饼、水晶月饼、冰糖月饼、金钩月饼、叉烧月饼、八宝月饼，其特点是糖多、油重、味浓、甜咸适口，油而不腻；滇式月饼主要起源并流行于云南、贵州及周边地区，其主要特点是馅料采用了滇式火腿，饼皮疏松，馅料咸甜适口，有独特的滇式火腿香味。

虽然现在的月饼都是企业生产，讲品牌、讲销售，但举国上下卖月饼、吃月饼的景象还是只有在中秋节才能看到，因为只有中秋赏月和品尝月饼结合在一起，才能体会到"八月十五月正圆，中秋月饼香又甜"的感觉。我国有一些地方的人民，中秋吃月饼还有一些特殊的习俗呢。

在江南，中秋吃月饼有一种传统——"卜状元"，把月饼切割成大、中、小三块，叠在一起，最大的是状元，放在下面；中等的是榜眼，放在中间；最小的是探花，放在上面。摆好以后，全家人扔骰子，谁的点最多，谁就是状元，依次为榜眼、探花，很有意思。

在山东潍坊地区也有一种中秋吃月饼的特殊习俗。在中秋节的前几天，人们就开始蒸"月"，所谓蒸"月"就是将面粉发酵，上面做各种花样，有的是嫦娥奔月，有的是花好月圆，有的是富贵安康等等。等到中秋节的晚上，小孩子都会在门前用小板凳摆上这些蒸出来的"月"，上面用蓖麻叶子盖上，插一支香，坐在小板凳上念叨："念月了，念月了，一斗麦子一个了；念月饼了，好年景了；念糯粘猴了，盖瓦屋楼了；念煎饼了，骡子马一大天井了。"这些都是祝福的话，反映出人们对美好生活的向往。

其实，古时候中秋节有很多习俗，如赏月、拜月、舞火龙、闹花灯等等，但这些都已经没有以前那样盛行了，只有赏月及吃月饼的习俗久盛不衰，并在历史的发展进程中不断加进了新的内容，因为人们已经把中秋赏月与品尝月饼作为家人团圆的象征。"但愿人长久，千里共婵娟"这样的美好词句不仅使中秋月圆成为千古美谈，也让人们铭记了中秋月饼这一人间美味，使中秋月饼带上了与家人"千里共婵娟"的美好意味，象征着人间的幸福和团圆，给人们的生活增添了和谐美满的色彩。

六、腊八粥

在我国古代，人们把农历十二月称为"腊月"，把十二月初八称为"腊日"，每到这一天，家家户户都会熬香喷喷的腊八粥，全家围在桌前一同享用，腊月初八喝腊八粥已经成为全民的风俗。由于地域辽阔，我国各地的农作物不同，腊八粥的选料也不尽相同，但一般都是用糯米、红豆、枣子、栗子、花生、白果、莲子、百合等煮成甜粥，也有加入桂圆、龙眼等一起煮的。人人都知道腊八粥香甜可口，那么，你知道腊月初八为什么要喝腊八粥吗？

据安徽的民间传说，腊八吃粥这一习俗的产生和明太祖朱元璋有关。朱元  璋是安徽凤阳县人，小时候家里很穷，靠给财主放牛为生。有一天，朱元璋放牛回来路过独木桥时，老牛滑到桥下摔断了腿，老财主大怒，把他关进一间房子里不给饭吃。朱元璋饥饿难耐，忽然发现屋里有一个老鼠洞，扒开一看，里面竟是老鼠的粮仓，里面有大米、豆子，还有红枣、粟米等，于是，他就把这些东西合在一起煮了一锅粥，喝起来十分香甜可口。后来，朱元璋当了皇帝，又想起了这件事，便叫御厨照样熬了一锅粥，喝了以后龙颜大悦，因为这一天正好是腊月初八，就赐名"腊八粥"。此后，每年的腊月初八，全国上下都熬腊八粥来喝。

除了朱元璋的传说外，关于腊八粥的起源还有另外一个故事。古时候有一个四口之家，院里有棵大枣树，老两口非常勤快，一年到头干着地里的庄稼活，攒了很多粮食和大枣，两个儿子却好吃懒做，连媳妇都娶不上。老两口一天天老了，老父亲临终嘱咐哥俩儿好好种庄稼，老母亲临终嘱咐哥俩儿好好保养院里的枣树，攒钱存粮娶媳妇。老两口死后家里还有很多粮食和大枣，两兄弟就靠父母生前攒下的这些东西过日子，根本不干活。俗话说，坐吃山空，这年到了腊月初八，家里实在没有什么可吃的了，哥俩儿饥饿难耐，就从这里扫来一

中华饮食

把黄米，从那里寻出一把红豆，东拼西凑出一些五谷杂粮，放到锅里煮了起来，这时候，哥俩儿才记起父母临终前说的话，后悔极了。此后，他们都勤快起来，又过上了好日子。为了记住教训，每逢农历腊月初八，哥俩儿就吃用五谷杂粮熬成的粥，久而久之，民间就形成了腊八喝粥的习俗。

这些当然只是传说，事实上腊月初八喝腊八粥的传统源于印度，腊八粥最初是佛教的宗教节日食品。相传佛教的创始者释迦牟尼本是古印度北部迦毗罗卫国（今尼泊尔境内）净饭王的儿子，他见人民受生老病死折磨，加上不满当时婆罗门的神权统治，就舍弃了王位，出家修道。他游遍了印度，访遍了贤明，在苦行的途中每日仅食一麻一米。一天，他因酷暑和饥饿倒在了地上，一位过路的女子看见了，就把自己用泉水和五谷、野果煮成的粥喂给释迦牟尼，他吃后恢复了元气，继续苦行，并最终于腊月初八这天在菩提树下得道成佛。此后，寺院里的僧侣为了不忘他所受的苦难，每到腊月初八，都会诵经念法，并用清新谷果煮粥纪念佛祖，"腊八"由此成了佛教的盛大节日，腊八粥也就产生了。

佛教传入我国后，腊八粥也随之传入，寺院的僧侣每到腊八这天都会煮腊八粥（当时也称"佛粥"）纪念佛祖。到宋代时，这个习俗在民间也开始流行起来，每到腊八这一天，无论是朝廷、官府、寺院还是普通百姓家都要做腊八粥，那时的腊八粥，主要用胡桃、松子、柿栗等材料。发展到元朝时，因统治者尊崇喇嘛教，人们开始喝红糟粥或朱砂粥。明朝时，腊八粥的用料又加进了江米、白果、核桃仁等。等到了清朝，喝腊八粥的风俗更是盛行，在宫廷中，朝廷会向各个寺院发放米、果等供僧侣食用，皇帝、皇后、皇子等还会向文武大臣、侍从宫女赐腊八粥。在雍和宫内，至今还放着当年煮腊八粥用的大锅，据史料记载，清廷的腊八粥，除了江米、小米等五谷杂粮外，还加有羊肉丁和奶油、红枣、桂圆、核桃仁、葡萄干、瓜子仁、青红丝等，材料非常丰富。另外，在民间，人们也要用自己收获的谷物和干果等做成腊八粥，以庆祝一年的收获、祈求来年有个好收成。于是，吃腊八粥逐渐演变成我国民间的食俗。

中国食俗

到今天，我国人民还是很重视腊八喝腊八粥这一习俗，俗语说："腊八腊八，冻掉下巴。"在寒冷的冬天喝上一碗热乎乎的腊八粥，不仅可以御寒，还象征着五谷丰登，人们当然很愿意动手煮上一锅腊八粥。由于地域广阔，我国各地的产物不同，人们的口味也不一样，喝腊八粥的习俗在各地有很多不同的特色。

北京和天津地区的腊八粥材料很丰富。在北京，煮腊八粥的材料有红枣、莲子、核桃、栗子、杏仁、松仁、青丝、玫瑰、红豆、花生、榛子、葡萄、白果、菱角等二十余种，人们在腊月初七的晚上就开始忙碌起来，洗米、泡果、剥皮、去核、精拣，然后在半夜时分开始煮，再用微火炖，一直炖到第二天的清晨，腊八粥才算熬好了。腊八粥熬好之后，要先敬神祭祖，然后要赠送亲友（一定要在中午之前送出去），最后才是全家人食用。在天津，腊八粥的材料和北京近似，有的还加百合、珍珠米、大麦仁、黏秫米、黏黄米、芸豆、绿豆、桂圆肉、龙眼肉、白果及糖水桂花等。

在山西、宁夏、甘肃等地，腊八粥又是另一番特色。山西的腊八粥又称八宝粥，以小米为主，附加黏黄米、大米、江米、豇豆、小豆、绿豆、小枣等；宁夏人一般用扁豆、黄豆、红豆、蚕豆、黑豆、大米、土豆煮粥；在甘肃，煮腊八粥用五谷、蔬菜，煮熟后除家人吃或分送给邻里外，还要用来喂家畜。另外，四川地区的腊八粥有甜咸麻辣各种风味；在江苏地区，煮腊八粥要放入荸荠、胡桃仁、松子仁、芡实、红枣、栗子、木耳、青菜、金针菇等，分甜咸两种口味。除此之外，山东、浙江、河南等地的腊八粥都很有特色，真所谓喝出了花样，喝出了水平。

腊八粥的原材料不固定，人们可以根据自己的口味熬出独具特色的腊八粥，不仅如此，腊八粥的一般材料都很有营养，人们还可以根据自己的饮食习惯和身体状况熬出有益于身体健康的腊八粥。例如，粳米富含蛋白质、脂肪、钙、磷、铁等成分，具有补气、养胃、除烦止渴等功效；糯米则具有温脾益气的作用；黄豆富含粗纤维、钙、磷、铁、胡萝卜素等成分，具有降低血中胆固醇、

中华饮食

预防心血管疾病、抑制多种恶性肿瘤、预防骨质疏松等多种保健功能；赤小豆富含硫胺素、核黄素、尼克酸等成分，具有健脾燥湿、利水消肿的功能；花生有"长生果"的美称，具有润肺、和胃、止咳、利尿等多种功能；核桃仁具有补肾纳气、益智健脑、强筋壮骨的作用。

　　食用腊八粥对人体十分有益，因此，腊八粥受到人们的广泛欢迎。如今，一些企业还看准市场，将这种节令食品四季生产，命名"八宝粥"摆在超市的货架上，使腊八粥成为人们日常饮食的美味佳肴。

七、少数民族食俗

我国共有五十六个民族，受汉族影响，除夕饺子、元宵节元宵、立春春饼、端午粽子、中秋月饼和腊八粥这些食品在少数民族地区也很受欢迎。除了这六种年节文化食俗外，我国的五十五个少数民族还因历史文化、居住条件、生活习性、语言文字等原因，形成了各自的膳食结构和食礼食风，拥有自己独特的食俗。例如，以畜牧业为主的蒙古族习惯吃牛羊肉和各种奶制品；南方一些少数民族则以稻米为主食……大多数的少数民族都有鲜明的饮食特色，这里简单介绍一些少数民族食俗。

蒙古族：蒙古族现主要分布在北方的内蒙古自治区，还有一小部分居住在南方的云南地区，这里主要介绍内蒙古地区蒙古族居民的食俗。蒙古族因居住环境的原因，饮食以肉类和奶制品为主。其中肉类主要是牛肉、绵羊肉，其次是山羊肉，也食用少量的马肉，在狩猎季节，还有捕猎黄羊肉为食的；奶类分为食用奶和饮用奶，食用奶主要有奶皮子、奶酪、奶酥、奶油、奶酪丹（奶豆腐）等，饮用奶主要有鲜奶、酸奶、奶酒、奶茶等。

蒙古族吃羊肉最有特点，方法有整羊背子、手抓羊肉、羊肉串、涮羊肉等。整羊背子是蒙古族宴请尊贵客人时的传统佳肴，首先，客人要按习俗从贵宾、长辈开始依次入席，然后主人用四方形木制大盘端来一只煮熟的全羊，摆放在众客当中的红漆方桌上面，全羊四条腿盘卧在木头盘子里，头放在肉上朝着客人，摆放好后，主人举起银碗向各位客人敬献洁白的鲜奶，表示以草原上最圣洁、吉祥的食品欢迎客人。蒙古人也很喜欢手抓羊肉，就是不加任何调料用白水清煮羊肉，煮熟后，大块的羊肉热气腾腾，肥厚多汁，香气四溢，人们一手抓着一大块肉，一手用蒙古刀割着吃。吃肉离不开酒，蒙古人不分男女都很擅长豪饮，宴席上，主人斟满三银碗的酒，手捧白色的哈达，高唱祝酒歌向客人敬酒以示真诚，按习俗，客人要先用右手中指蘸上少许的酒，向上向下各弹一次，表示敬天地，然后将碗中的酒一饮而尽，如果过分推辞会被视为有失诚意。总之，蒙古族人民热情、豪爽，其食俗也具有这样的特点。

藏族：藏族主要分布在西藏自治区以及青海、甘肃、四川、云南等临近省，是中国的古老民族之一，其中以西藏地区的藏族居民饮食最具特色。西藏地区的藏族以牧业为主，由于特殊的地理环境，有很多特产，除了著名的藏系绵羊、山羊和牦牛外，还有冬虫夏草、蘑菇、雪鸡和人参果，其中虫草炖雪鸡、蘑菇炖羊肉、人参果酥油大米饭被誉为藏北三珍，是不可多得的佳肴。

但是，这些特产都不能代表藏族人民的饮食特色，他们的共同嗜好是酥油茶、青稞面、牛肉、羊肉和奶制品。首先，凡是去过西藏的人，都喝过酥油茶，因为藏族是以酥油茶敬客的，客人喝酥油茶时必须喝三碗，第一碗不能喝尽，否则是对主人不尊重，三碗之后，如果不想再喝，可将茶渣泼到地上，否则主人会一直劝客人喝下去。其次，在藏族家庭中，肉和奶一般都很富足，因此人们较喜欢食用粮食，青稞面是藏族人民的宝贝。另外，藏民一般不吃马、驴等牲畜，也不吃鱼和鸡、鸭、鹅等禽类，而只喜欢吃猪、牛、羊，尤其是风干的牛肉，在高原地区，食品不易霉烂变质，去水又保鲜的风干牛肉在藏区极为常见。

维吾尔族：维吾尔族居住在新疆维吾尔自治区，他们的日常饮食以面食为主，因盛产瓜果，有常年食用瓜果的习惯，冬季还常吃核桃、杏干、杏仁、葡萄干、沙枣、红枣、桃干等干果。另外，维吾尔族还喜欢喝茶、奶子、酸奶、各种干果泡制的果汁、果子露、葡萄水等。在维吾尔族的饮食中，最有特色的是烤制食品，尤其是羊肉串，在乌鲁木齐的大街小巷都能买到。

维吾尔族信仰伊斯兰教，有一些饮食禁忌和习俗，他们还尤为重视饮用水的清洁，吃手抓饭前要洗手三次，吃饭时不得随意拨弄盘中食品，不能让饭菜掉到地上，与别人同盘吃饭时，不可把自己抓起的饭团再放回盘里。有客人时，客人就餐前必须洗手，且不可顺手甩水，要用毛巾擦干手后行了谢主礼

再就餐，客人如果吃不了饭菜，可双手捧还给主人，主人会万分高兴，这预示着主人家有吃有余，若主人家招待客人有困难时，邻人会主动代为招待。

回族：和维吾尔族一样，回族也信仰伊斯兰教，他们虽与汉族杂居，但无论走到哪里都保持着自己独特的饮食习惯，与汉族人相比，回族饮食最大的禁忌就是不吃猪肉，此外，他们还禁食狗肉、马肉、骡肉、无鳞鱼以及一切未经屠宰而死的动物肉，饮酒也被严格禁止。由于饮食禁忌甚严，因此在城镇中，

回族都有自己开的清真餐馆，他们创造的清真菜及清真小吃，如涮羊肉、香酥鸡、金陵桂花鸭、红烧鲤鱼、油烹大虾、蜜裸子、牛奶阴米酥、羊肉臊子面、马家烧卖、伊斯兰烧饼、牛肉米粉等在中国的许多城市乃至国际上都享有盛誉。

另外，回民接待客人、准备婚宴和办丧事都有一些习俗。回民很好客，有一套招待来客的礼俗，在回民家，来客必有茶点，亲密的客人还要备饭菜，尊贵的客人轻则宰鸡，重则宰羊，甚至会摆出"全羊席"。回族结婚宴席一般都要有八至十二道菜，忌讳单数，象征新婚夫妇永远成双成对。办丧事时，三天不动烟火，由近邻亲友送食，禁止请客。安葬之后方请亲友吃饭，并送油香表示感谢。

壮族：壮族是中国少数民族中人口最多的一个民族，主要聚居在广西、云南等地。壮族的主食是大米，善于制作糯米食品，其中五色糯米饭、米花糖和大粽子是节日的佳点。壮族对任何禽畜肉都不禁吃，不仅如此，他们还喜欢猎食烹调野味、昆虫，有些地区还酷爱吃狗肉。壮族人民习惯将新鲜的鸡、鸭、鱼和蔬菜制成七八成熟，菜在热锅中稍炒即出锅，以保持其新鲜。

壮族的年节食礼颇为讲究，菜样和吃法各有章程，例如，壮族人过年要吃用猪肉泥和豆腐、鱼、虾等做成的肉馅豆腐丸；元宵夜则要偷偷地去别人的园中摘瓜菜煮食，主人不恼反而高兴；中秋节要品芋头，尝扁米，邻里间还互相赠送；每年稻谷成熟时，还要过尝新节，饭前要将每样饭菜盛一些让狗先吃……此外，米酒是壮族人过节和待客的主要饮料，在米酒中配上鸡胆、鸡杂或

猪肝，就称为鸡胆酒、鸡杂酒或猪肝酒，饮用鸡杂酒和猪肝酒时要一饮而尽，留在嘴里的鸡杂、猪肝则慢慢咀嚼，既可解酒，又可当菜。

上述几个少数民族主要聚居在我国的五个自治区，是少数民族中人口较多的民族，其食俗有着鲜明的地域特点和民族特色，除此以外，我国其他地区的少数民族也有着很多独特的食俗。

在我国的东北地区，聚居着一些少数民族，其中食俗较有特色的是居住在延边地区的朝鲜族和三江平原一带的赫哲族。朝鲜族的食品首先讲究鲜、香、脆、嫩，多采用生拌、腌制、汤煮的烹调方法，有传统风味的生拌牛肉丝、生拌鲜鱼片，尤其是朝鲜族拌菜久负盛名。其次，朝鲜族人民喜食狗肉，用狗肉为原料可以做出许多美味的菜肴，如砂锅狗肉、狗肉火锅以及各种汤菜等。再次，朝鲜族还擅长做米饭，不仅用水、用火十分讲究，用的铁锅也具有底深、收口、盖严的特点，能焖住热气，使米饭受热均匀，做出的米饭颗粒松软，饭味纯正。此外，朝鲜族还有喝"岁酒"的习俗，这种酒以大米为主料，配料有桔梗、防风、山椒、肉桂等多味中药材，用于春节期间自饮和待客，民间认为饮用此酒可避邪、长寿。

赫哲族生活在黑龙江、乌苏里江、松花江沿岸，是中国北方唯一的依靠渔猎为生的民族，他们保留了生食的习俗，形成了很多独特的"鱼餐"，其中最有特色的就是"杀生鱼"，就是用生鱼肉拌上用开水烫过的土豆丝、绿豆芽、韭菜，以及辣椒油、醋、盐、酱油，吃起来清香鲜嫩。此外，赫哲族还有一种冬季吃的冻鱼片，以及拌鱼松或鱼肉等的"拉拉饭"和"莫温古饭"，十分有特色。

除了朝鲜族和赫哲族外，东北的其他少数民族，如居住在大兴安岭深山密林中的鄂伦春族和鄂温克族，还保持着"食肉饮酪"的原始食风，经常可以吃到鹿奶鹿肉、狍子宴、雪兔肉、野鸡等人间珍馐，其食俗也别具特色。

西南地区是我国少数民族较多的地区，其中居住在云南省大理白族自治州的白族是西南各少数民族中最注重节庆饮食的，几乎每种节日都有相应的食品。春节吃叮叮糖、泡米花茶和猪头肉；三

中国食俗

月节吃蒸糕和凉粉；清明节吃凉拌什锦和炸酥肉；端午节吃粽子喝雄黄酒；火把节吃甜食和各种糖果；中秋节吃白饼和醉饼；重阳节吃肥羊……白族也有饮食忌讳：大年初一不用铁刀；主妇做饭应悄无声息，不能吹火，必须到井边"汲新水"；办丧事做饭一律清煮清炒，不能用红色食料，不能做红包菜肴；进餐时长辈上坐，晚辈依次围坐两旁，并添饭加茶，侍候长辈。

苗族也是主要分布在西南地区，在我国具有悠久的历史。苗族人民深居高山，缺少食盐，因此其独特的民族风俗是喜食酸味菜肴，酸味食品主要有酸汤、酸菜、腌酸鱼、牛肉酸、猪肉酸、酸辣子、酸萝卜、青菜酸、豆类酸等，其中以酸汤最为著名。在苗族家庭中，几乎家家都有腌制食品的"酸坛"，他们保存食物也普遍采用腌制的方法，蔬菜、鸡、鸭、鱼、肉都喜欢腌成酸味的。除苗族外，居住在贵州的侗族人也特别喜欢酸食，家家都有酸白菜、酸竹笋、酸猪肉、酸草鱼，另外，侗族的腌鸭肉酱、腌鱼、腌姜也颇有名气，特别是腌鱼，要密封储存埋在地下三年，甚至七八年才启封。

瑶族是我国的另一个古老民族，主要分布在云南、广西等地的山区。瑶族人最大的特点是有冷食的习惯，食品的制作都考虑便于携带和储存，所以主食、副食兼备的粽粑、竹筒饭是他们最喜爱的食品，劳动时，就取出来直接使用。另外，瑶族不少食俗颇有些趣味，例如男方求婚时会带上一包肉和两葫芦米酒，女方同意便收肉，不同意则刺破葫芦；姑娘出嫁时，会向乡里邻居赠送焦黄豆；离婚仪式是"破竹筒"，离婚双方各提一筒酒，交换喝完后砍破竹筒，就此和气分手。

西南地区少数民族繁多，除上述几个民族外，其他民族的食俗也各具特色，如纳西族擅长腌制食品，其"琵琶猪"远近闻名，可存放十年不变质；羌族讲究药膳、喜食烟酒；独龙族民间保留着很多古朴的烹制方法，其中以一种特制石板锅烙熟的石板粑粑远近闻名；哈尼族丰富的饮食文化与节日文化相辉映，有十月节、六月节、波突、祭母节、认舅舅、阿巴多等民俗节庆，形成了独特的哈尼风情；傈僳族居住在河谷地区，以大米为主食，以包谷、洋芋一类杂粮为辅食；毛南族喜欢酸食，其中被称为"毛南三酸"的腩醒、瓮煨和索发最受欢迎。

此外，在我国海南省五指山地区，还居住着一个喜食鼠肉的民族——黎族，黎族人家家都有竹制捕鼠器，一次安装几十副，第二天便可捕到几十只鼠，无论是山鼠、田鼠、家鼠还是松鼠均可捕食。黎族人习惯将捕来的鼠烧去毛，除去内脏洗净，内放些盐、生姜等配料，在火上烤熟或煮熟吃。此外，黎族人还喜欢嚼槟榔，视其为健体长寿的食品。

在宝岛台湾省，居住着另一个少数民族——高山族，高山族的十个族群都有自己独特的食品，其中典型的有腌肉和哑酒，腌肉是泰雅人和阿美人的特长，泰雅人的腌猴肉和阿美人的腌鹿肉、野猪肉别具一格，而哑酒是排湾人、布农人的特长，是他们用土法酿制的一种米酒。另外，高山人热情豪放，经常在节日或喜庆的日子里举行宴请和歌舞集会，其中最富有代表性的食品是用各种糯米制作的糕和糍粑。

我国的少数民族遍布祖国的各个角落，其食俗无不别具特色，由于篇幅关系，这里就不再一一介绍了。

中国是一个多民族的国家，五十六个民族都有各自的风俗习惯，少数民族的食俗更是别具特色，只有了解这些民族饮食的风俗和禁忌，才能更好地促进各民族间的团结和友爱。因此，了解少数民族食俗不仅可以拓展我们的知识，更有着重要的民族意义。

中国食俗

八、地方风情食俗

地方风情食俗是以风土人情作为显著标志，流传在某一地区的饮食风俗习惯，主要表现在某地区的风味名食、乡土宴席、饮食典故和酒楼字号等方面，带有鲜明的个性特征。地方风情食俗既不同于举国上下定期出现的年节文化食俗，也不同于各成体系的少数民族食俗，它代表了四面八方的地域文化，因地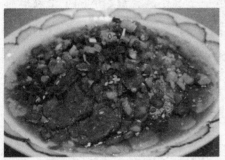而异，因情而异，具有突出的乡土文化气息，体系较为纷繁，在更大范围内反映了中国饮食文化的博大精深。在本章中，我们选取了一些具有代表性的地方风情食俗介绍给读者，虽然这只是这个纷繁体系的一小部分，也希望能给读者带来一些益处。

"食在中国，味在四川。"要说吃，人们当然首先想到川菜。四川地区的饮食很有特色，由于气候湿润、冬天阴冷的原因，人们很喜欢能祛湿防寒的食品，因此麻辣、酸辣、红油、鱼香、椒麻、蒜泥、芥末等口味，在四川地区就很受欢迎。川菜兼具南北之长，具有取材广泛、调味多样、菜式适应性强的特点，较著名的菜肴有鱼香肉丝、怪味鸡、宫保鸡丁、粉蒸牛肉、麻婆豆腐、毛肚火锅、夫妻肺片、灯影牛肉、担担面、回锅肉等，其中鱼香肉丝、宫保鸡丁、夫妻肺片、麻婆豆腐、回锅肉更是被赞为"五大名菜"，作为四川地区的风味名食走向全国。

陕西的风味名食也很有特色，牛羊肉泡馍、海味葫芦头、岐山臊子面等都是陕西的风味美馔，尤其是暖胃耐饥的羊肉泡馍，一直为西安和西北地区各族人民所喜爱，已成为陕西名食的"总代表"。羊肉泡馍的制作方法是：将羊肉洗切干净，加葱、姜、花椒、八角、茴香、桂皮等佐料煮烂，汤汁备用，吃的时候，将馍掰碎成黄豆般大小放入碗内，然后交厨师在碗里放一定量的熟肉、原汤，并配以葱末、白菜丝、料酒、粉丝、盐、味精等调料。羊肉泡馍的吃法也

中华饮食

很独特，有羊肉烩汤，即顾客自吃自泡，也有干泡的，即将汤汁完全渗入馍内，等吃完馍、肉，碗里的汤也被喝完了。由于陕西地区冬季寒冷漫长，羊肉泡馍有干有稀，又香又热，很受人民欢迎，被称为陕西食俗六大怪之一（六大怪即面条像腰带、锅盔像锅盖、辣子是道菜、泡馍大碗卖、碗盆难分开、不坐蹲起来）。

如果说最能代表四川、陕西地区饮食风俗的是上述风味名食，那么，最能代表山东地区饮食风俗的就是山东的乡土宴席——孔府宴了。孔府宴，顾名思义，和我国的圣人孔子有关，孔子是山东的大儒，十分讲究"礼"，对饮食自然也非常讲究，作为中国儒家文化的创始人，他被后人不断加封、追谥，在祭奠孔子的礼仪中，人们带的食品慢慢增多，还有的带厨师来，逐渐形成了一套独具风味的孔府宴。孔府宴概括起来共有五种：庆贺生辰的寿宴、公子或小姐大婚时的花宴、有喜庆之事的喜庆宴、迎圣驾或款待王公大臣等的迎宾宴和接待亲友的家常宴。孔府宴吸取了全国各地的烹调技艺，讲究排场和华贵，有数百种精美的珍馐佳肴。不仅如此，孔府宴还讲究一些礼俗，如喜宴在开席前要鸣放鞭炮，讲究一菜一格，一菜一味，盛器要银、铜、锡、漆、瓷、玛瑙、玻璃等各质餐具齐备。

除山东孔府宴外，知名的乡土宴席还有辽宁的"盖州三套碗"、湖南的"熏烤腊全席"和新疆的"吐鲁番葡萄宴"等等，这里举两例介绍。"盖州三套碗"是流传于辽宁省盖州市的一种高级筵席，所谓"三套碗"，就是杯碗、中碗、汤碗三套，共十五只，这十五只碗装热菜，有马蹄酥、菊花酥等酥点心，还有清蒸鸡或鱼等菜肴。除此之外，宴席上还要有二十个凉菜，分别是瓜子、冰糖、紫桃、果脯四干果，白篁、苹果、葡萄、瓜钱四鲜果，青梅、橘饼、桂圆、葡萄干四泡果，蛋肠、肉肠、粉肠、卤肝、叉烧、肘花、松花、肉丝炒咸菜八个压桌碟。"盖州三套碗"有凉热共三十五道菜，一般不上烈性酒，多用花雕陈绍的老酒、黄酒，并用冰糖炖沸，慢慢饮用。"熏烤腊全席"

是代表湖南特色的典型菜肴。在湖南民间冬春两季的餐桌上，一般都有熏烤腊的菜肴，经过一代一代的厨师改进、创新，逐渐形成湖南特色的熏烤腊全席，其具体菜肴有：洞庭君山（彩碟）及熏腊肚片、金银炙肝、酸辫子、焦麻炸肫、盐牛肉、五香熏鱼、葱烤斑鸠、芝麻腐竹八种围碟；蜜汁菱角、无核湘橘、酸甜莲藕、挂霜杨梅四种甜果；双喜蛋糕、芙蓉糍粑两种甜点；鸳鸯酥盒、珍珠油饼两个咸点；韭黄鸡丝、嫩姜鸭条、芹菜腊肠、腊肉冬笋四种热炒；腊味合蒸、笔筒鱿鱼、虾仁参丁、红煨腊羊、腊肠菜菇、红烧全狗六个大菜及汤菜雪山藏宝，另外，还有黄豆芝麻姜盐茶各盏。

除风味名食和乡土宴席外，有些地方的名吃还展示了民间流行的饮食典故，形成独树一帜、历史悠久的食俗文化，如安徽的"李鸿章杂烩"、天津的"狗不理包子"、浙江的"东坡肉"和"西湖醋鱼"等等。

中华饮食

"李鸿章杂烩"因安徽名人李鸿章得名。李鸿章是安徽合肥人，生活在清朝最黑暗、最动荡的年代，组建过淮军、镇压过起义，搞过洋务运动、建设过海军，也常出洋访问，是历史上一位风云人物。相传李鸿章在访问美国期间，曾宴请过美国宾客，美国宾客很喜欢可口的中国菜，正菜已经上完后，李鸿章还命令厨师加菜，厨师只好将所剩海鲜、鸡肉等混合下锅，上桌后，外宾尝了赞不绝口，并询问菜名，李鸿章便随口用合肥话说"杂碎"，因其和"杂烩"谐音，此后，这道菜便以"大杂烩"为名在美国传开，合肥城乡也效仿这道菜，"李鸿章杂烩"便逐渐成为一道名菜。"李鸿章杂烩"的主要原料有海参、鸡肉、腐竹、鱼肚、鱿鱼、火腿、鸽蛋、猪肝、干贝、冬菇、咸鸭蛋黄、菠菜等，不仅代表了徽菜的风味，还因其独特的历史原因为人们所喜爱，是安徽食俗文化的代表。

凡是知道天津的人，也都必然听说过天津名吃"狗不理包子"，天津人甚至夸张地说"没吃过狗不理包子的人算是白活了"，虽夸大其词，也足见"狗不理包子"名声之大了。相传"狗不理包子"是清朝咸丰年间一个叫狗子的包子铺学徒发明的，狗子手艺好，做事又十分认真，从不掺假，制作的包子口感柔软，香而不腻，形似菊花，色香味形都独具特色，十里百里的人都来吃包子，生意十分红火。因为人太多，狗子卖包子时都顾不上和客人说话，人们都说"狗子卖包子，不理人"，时间长了，人们都叫他"狗不理"，叫他的包子"狗不理包子"。此名一经传开，远近闻名，袁世凯就曾把"狗不理包子"作为贡品进京献给慈禧太后，慈禧太后尝后大悦，夸奖说："山中走兽云中雁，陆地牛羊海底鲜，不及狗不理香矣，食之长寿也。"从此，狗不理包子更加名声大振，逐渐在许多地方开设了分号。如今，"狗不理包子"已经国际驰名，并有了英文名称"Go Believe"，不仅使天津人骄傲，更让国人自豪，实实在在成了享誉世界的民族品牌。

浙江杭州是个美丽的城市，杨柳依依的西湖边上更是产生了很多动人的传说，其中就有关于"东坡肉"和"西湖醋鱼"的典故。"东坡肉"是北宋诗人苏东坡所创。相传苏东坡在杭州做地方官时，曾带领百姓修整了被水草淹没大半的西湖，老百姓十分感谢苏东坡为杭州人民办的这件好事，又听说他喜欢吃红烧肉，春节时便不约而同地给他送猪肉表示心意。苏东坡觉得，疏导西湖是大家的功劳，这些猪肉应该和人民共享才对，于是就叫家人把肉切成一些小方块，烧制好了和酒一起送给疏浚西湖的人家。他的家人在烧制肉时，把"和酒一起送"领会成"和酒一起烧"了，没想到，一个误会造就了一个名菜，烧制出来的红烧肉格外可口，大家吃后一致赞扬，这件事就传开了，很多人都去向苏东坡学习"东坡肉"的制法。后来，为了表达对苏东坡的怀念之情，大家都制作"东坡肉"食用，"东坡肉"逐渐成为杭州的一道传统名菜。"西湖醋鱼"也是杭州的传统名菜，传说是一个叫宋嫂的女子所作。古时候有姓宋的兄弟两人，以在西湖打鱼为生。有一次，当地一个恶棍游湖时遇见宋兄的妻子，见其貌美，遂起歹意，于是，他派人暗中杀害了宋兄，想霸占宋嫂，宋家叔嫂上告到官府，不想却被贪官毒打

一顿赶出了衙门。回家以后，宋嫂怕仇人报复，连忙让小叔出逃，临行前，宋嫂加糖加醋烧了一碗鱼，告诫小叔说："鱼中有甜有酸，是想让你知道，如果生活甜，也不要忘记你哥哥的枉死和嫂嫂的辛酸，不要忘记老百姓受欺凌的苦难。"宋弟吃了鱼，牢记嫂嫂的话，离开了杭州。后来，宋弟终于取得了功名，

回到杭州报了杀兄之仇，可是，却找不到嫂嫂的下落。有一次，宋弟赴宴时吃到一道菜，味道和他离家时嫂嫂烧的鱼一样，他连忙追问是谁烧的，才知道正是他嫂嫂的杰作。原来，宋弟离开杭州后，嫂嫂为了避免恶棍的纠缠，隐姓埋名躲入官家做厨工，她的拿手菜便是这道又酸又甜的"西湖醋鱼"，我国古代十大名厨中，还有宋嫂的一席之地呢。

浙江的饮食风俗中，除了这些典故外，还有一些酒楼字号，也是名扬四海，其中最著名的莫过于"山外山"和"楼外楼"了，一首"山外青山楼外楼"让大家对"山外山"和"楼外楼"这六个字再熟悉不过了，可是真正了解其内涵的人并不多。其实，山外山和楼外楼都是浙江省的菜馆名，因其悠久的历史在浙江的饮食文化中占有极高的位置，不仅以菜闻名，更以历史闻名，像杭州楼外楼网站的首页就是"以菜名楼，以文兴楼"，可见其文化内涵之深。除了浙江外，我国还有一些省份也有一些知名的酒楼字号，如成都的"姑姑宴"和"哥哥传"、广州的"大三元"和"蛇王满"、苏州的"松鹤楼"和"得月楼"等，都是历史悠久的酒楼，代表了当地独特的饮食风貌。

谈食俗不谈广东似乎说不过去，众所周知，广东是饮食大省，不仅经济发达，居民也特别讲究饮食规律。广东人有个最大的饮食习惯就是喝凉茶，所谓凉茶，就是将药性寒凉、能消解内热的中草药煎水做成的饮料，广东地处我国南端，夏季酷热，冬季干燥，人们非常容易干渴，喝凉茶不仅能解渴，还能治疗喉咙疼痛等疾患，因此，凉茶已经成为广东家庭里的一种时尚饮料。除了喝凉茶外，广东人还喜欢上茶楼饮茶，不仅饮早茶，还要饮下午茶、夜茶，这已经成为广东人的生活习惯了。除了茶外，广州人还喜欢四季喝糖水，他们的糖水品种繁多，有红豆沙、绿豆沙、眉豆沙、芝麻糊、杏仁糊、花生糊、百合糖

水、莲子糖水、炖木瓜、蛋奶、豆浆、豆腐花等。这些糖水煮沸后饮用的为热饮，冷冻后饮用的则为冷饮，有清润消暑、生津益身之功效，很受广东人喜欢。除了饮品别具特色外，吃宵夜也是广东人特有的生活习俗，宵夜一般是在晚上十点以后，人们有的自己在家动手做，有的到街边大排档或茶楼吃，因此，广州市里有很多条"夜食街"及"夜市"茶座等，别具特色。

除上述内容外，地方风情食俗还包括很多内容，有些地方以土特产闻名，如湖北鄂城团头鲂和洪山紫菜苔、北京玉泉山白鸭和良乡大板栗、甘肃河西走廊发菜和兰州金黄瓜、福建的宁化老鼠干和安溪铁观音茶等；有些地方以特色的餐具闻名，如上海的细砂锅、贵州的竹筒、云南的陶瓷蒸锅、河南的铁质烤碗等；还有些地方的饮食展示了一些名师雅号，如湖北的"豆皮大王"、北京的"馄饨侯"、四川的"鸡火状元"、福建的"斋菜一枝花"等；有些地方还有特殊的宴客礼仪，讲究桌位、席位和分菜程序……我国幅员辽阔，各地饮食风俗的不同形成了独具特色的地方风情食俗。

九、宗教信仰食俗

宗教信仰食俗，一般是社会上某个群体或种族全体的风俗，他们因信仰某种宗教，就要遵守其宗教的食规、食戒。我国人口众多，人民有宗教信仰自由，不仅有我国本土宗教道教的教徒，世界三大宗教——佛教、基督教、伊斯兰教的教徒也遍布全国。这些宗教信仰者自觉遵守本宗教的食俗食规，并能持之以恒，构成了中国食俗的重要组成部分——宗教信仰食俗。

道教的食俗。道教源于我国远古时期的巫术和秦汉时期的神仙方术，其教义以老庄的"道"为核心，认为天地万物都是由"道"派生出来的，主张道法自然，清静无为。道教相信长生不死、得道成仙，在饮食上形成一套独特的习俗。

第一，道教重视"服食辟谷"。所谓"服食"，就是选择一些草木药物来吃，他们的药物大体有两类，一类是滋养、强壮身体的，另一类是丹药，是为达到长生不死的目的而食用的，为道教独有。"辟谷"也称断谷、绝谷、休粮、却粒等，辟谷者不能吃五谷，但可以吃大枣、蜂蜜、石芝、木芝、草芝、菌芝等，也可以服用药物或饮水，辟谷的目的是去除依靠谷气生存在体内的三虫，它们是欲望产生的根源，是毒害人体的邪魔，去除了它们，人体内也就消灭了邪魔，可以得道成仙了。第二，道教提倡不食荤腥。道教认为，人禀天地之气而生，气存人存，而荤腥会破坏气的清新洁净，他们主张人们应当保持身体的清新洁净，因此，最能败清净之气的荤腥就要禁食，所以，道教忌食鱼、肉及葱、韭、蒜等辛辣刺激的食物。

中国还有许多人信奉佛教。佛教有大乘佛教、小乘佛教和藏传佛教等系别，各自的饮食风俗和禁忌不尽相同。信奉大乘佛教的人，一般在饮食上奉行"只吃朝天长，不吃背朝天"的原则，即只吃素、不吃荤，就是传统说的不能吃肉和酒。信奉小乘佛教的人就不同了，只要本人不杀生，并不禁食荤腥，例如我国傣族人民一般信奉小乘佛教，日常肉食就有猪、牛、鸡、鸭等，但一般不食或少食羊肉。另外，小乘佛教规定"过午不食"，严格持斋。佛教的大小乘之分核心在于"四大为虚"还是"四大为实"的争论，因此，也就产生了这些饮食上的差异。此外，佛教还有另一个分支，即藏传佛教，信奉藏传佛教的人，只禁食奇蹄动物的肉、五爪禽和鱼鲜。

我国藏族人民普遍信奉藏传佛教，有自己的宗教节日，典型的是每年藏历正月初一的藏历年。藏历年是藏族人民最大的传统节日，大家会用很长时间置办年货、做食物并行各种礼节，特色十足。在佛教的这些食俗中，食素不食荤的风俗影响了很多人，甚至成了一种风气，可见佛教食俗在我国影响之大。

伊斯兰教产生于阿拉伯地区，是麦加人穆罕默德所创，其基本教义是"万物非主，唯有真主，穆罕默德是主的使者"。信奉伊斯兰教的人被称为"穆斯林"，伊斯兰教在我国有悠久历史，早在唐朝时，就有史书记载伊斯兰门徒来传教的事迹，今天，我国境内已经有很多穆斯林，以回族人民为主，因此，伊斯兰教在中国又称"回教"、"清真教"。

伊斯兰教的饮食有很多禁忌，奇形怪状、污秽不洁、性情凶恶、行为怪异的飞禽、猛兽及鱼类都属于禁食范围，其具体的规定大概如下：在禽类中，吃谷物、有嗉子、似鸡嘴的可以吃，如鸡、鸭、鹅、鹌鹑、鸽、麻雀、大雁等，而似鹰嘴、食肉的则不能吃，如老鹰、秃鹫、乌鸦、喜鹊、啄木鸟等；在兽类中，反刍、有四蹄、蹄分两半、性情驯善的可以吃，如牛、羊、骆驼、鹿等，反之则不可以吃，如猪、狗、猫、虎、豹、狼、狮、鼠、蛇、驴、马、熊等；在鱼类中，腹下有鳍、身上有鳞、脊上有刺、有头尾的可以吃，如鲤鱼、鲢鱼、鲫鱼、草鱼、黄花鱼、带鱼等，相反则不能吃，如鲨鱼、青蛙、乌龟、海豚、海豹、海狗、海狮等。虽然如此，《古兰经》中还讲道："凡为势所迫，非出自愿，且不过分的人，虽吃禁物毫无罪过。"意思就是在迫不得已时吃禁食之物是没有罪过的。除此之外，穆斯林还禁忌烟、酒、毒品，在他们看来，酒能摧毁人的意志，

侵蚀人的身体，而吸烟一旦成瘾，便会使人精神、身体麻醉，毒品更是伊斯兰教予以严禁的，吸毒被称为是恶魔的行为。我国伊斯兰教教徒一直严守这些食规，在全国各地形成了一道独特的风景。

基督教的食俗。基督教信仰耶稣基督，发源于公元 1 世纪的耶路撒冷地区，唐朝时，基督教传入我国，如今，我国已有数千万基督教徒，他们的食俗不像其他宗教那样有诸多禁忌，只有在节日里有一些规定。例如，圣诞节是基督教各派信徒纪念耶稣诞辰的日子，教徒们为了纪念耶稣的复活要举行斋戒，不吃肉食，不用刀叉进食，减少娱乐活动；复活节是孩子们欢乐的节日，拣拾彩蛋是节日期间重要的活动，做成小动物形状的巧克力糖果、装饰精美的甜点是节日中的重要食物；感恩节是美国最古老的节日，按照传统风俗，人们要到教堂做感恩祈祷，生活工作在外的人也要在节日中回到父母身边，晚上，家人要围坐在一起诵祷告文，感谢上帝恩典，然后享受感恩节的传统晚餐—烤火鸡，并辅以苹果汁、玉米糖，气氛格外温馨、幸福……各种各样的节日食俗使基督徒的生活充满了色彩，已经成为他们生活中不可或缺的一部分。

总结起来，这些宗教信仰食俗都具有神秘性的特点，数千年来，各宗教的饮食禁忌和风俗一直没有被教徒怀疑过，还不断自我完善，影响着越来越多的人。因此，了解宗教信仰习俗，和了解少数民族习俗一样，对促进人际交往和同胞间的团结友爱有着重要作用。

中国八大菜系

　　民国开始，中国各地的文化有了相当大的发展。苏式菜系分为苏菜、浙菜和徽菜，广式菜系分为粤菜、闽菜，川式菜系分为川菜和湘菜。因为川、鲁、苏、粤四大菜系形成历史较早，后来，浙、闽、湘、徽等地方菜也逐渐出名，就形成了中国的八大菜系。后来形成最有影响和代表性的也为社会所公认的有：川、粤、苏、闽、浙、湘、徽、鲁等菜系，即人们常说的中国八大菜系。

一、鲁菜

中国是一个餐饮文化大国，烹饪技艺历史悠久，长期以来在某一地区由于地理环境、气候物产、文化传统以及民族习俗等因素的影响，经过漫长历史演变而形成有一定亲缘承袭关系、菜点风味相近、知名度较高，并为当地群众喜爱的地方风味著名流派。形成菜系的因素是多方面的。当地的物产和风俗习惯，如北方多牛羊，常以牛羊肉做菜；南方多产水产、家禽，人们喜食鱼、肉；沿海多海鲜，则长于海产品做菜。各地气候差异形成不同口味，一般说来，北方

寒冷，菜肴以浓厚、咸味为主；华东地区气候温和，菜肴则以甜味和咸味为主；西南地区多雨潮湿，菜肴多用麻辣浓味。各地烹饪方法不同也形成了不同的菜肴特色。如山东菜、北京菜擅长爆、炒、烤、熘等；江苏菜擅长蒸、炖、焖、煨等；四川菜擅长烤、煸、炒等；广东菜擅长烤、焗、炒、炸等。

中国菜肴素有四大风味和八大菜系之说。四大风味是鲁、川、粤、淮扬。八大菜系一般是指山东（鲁）菜、四川（川）菜、湖南（湘）菜、江苏（苏）菜、浙江（浙）菜、安徽（徽）菜、广东（粤）菜和福建（闽）菜。按文化流派和地域风格划分，又有东北菜、北京菜、冀鲁菜、胶辽菜、山西菜、中原菜、西北菜、上江菜、江淮菜、江浙菜、江西菜、湖南菜、福建菜、客家菜、广东菜等菜品。清代的时候，中国饮食分为京式、苏式和广式。民国开始，中国各地的文化有了相当大的发展，民国时分为华北、江浙、华南和西南四种流派。后来华北流派分出鲁菜，江浙菜系分为苏菜、浙菜和徽菜，华南流派分为粤菜、闽菜，西南流派分为川菜和湘菜。川、鲁、苏、粤四大菜系形成历史较早，后来，浙、闽、湘、徽等地方菜也逐渐出名，就形成了我国的"八大菜系"。后来形成最有影响和代表性的也为社会所公认的有：川、粤、苏、闽、浙、湘、徽、

中华饮食

鲁等菜系，即人们常说的中国"八大菜系"。有人把"八大菜系"用拟人化的手法描绘为：苏、浙菜好比清秀素丽的江南美女；鲁、皖菜犹如古拙朴实的北方健汉；粤、闽菜宛如风流典雅的公子；川、湘菜就像内涵丰富充实、才艺满身的名士。中国"八大菜系"的烹调技艺各具风韵，代表了各地色、香、味、形俱佳的传统特色烹饪技艺。

（一）概述

鲁菜，又叫山东菜，是北方代表菜，是黄河流域烹饪文化的代表，也是中国饮食文化的重要组成部分，中国八大菜系之一。鲁菜历史悠久，对其他菜系的产生有重要的影响，因此鲁菜为八大菜系之首。以其味鲜咸脆嫩，风味独特，制作精细享誉海内外。善于以葱香调味，如"烤鸭"、"烤乳猪"等。

鲁菜的形成和发展与山东地区的文化历史、地理环境、经济条件和习俗尚好有关。鲁菜的孕育期可追溯到春秋战国，南北朝发展迅速，元、明、清三代被公认为一大流派，特别是明、清两代，鲁菜已成宫廷御膳主体，原料多选畜禽、海产、蔬菜，善用爆、熘、扒、烤、锅、拔丝、蜜汁等烹调方法，偏重于酱、葱、蒜调味，善用清汤、奶汤增鲜，口味咸鲜。

鲁菜由济南和胶东两个地方菜发展而成，分为济南风味菜、胶东风味菜、孔府菜和其他地区风味菜，并以济南菜为典型，煎炒烹炸、烧烩蒸扒、煮氽熏拌、熘炝酱腌等有五十多种烹饪方法，扒技法为鲁菜独创，原料腌渍沾粉，油煎黄两面，慢火尽收汁；扒法成品整齐成型，味浓质烂，汁紧稠浓。鲁菜特色是清香、鲜嫩、味纯，以善用清汤、奶汤著称，清汤色清而鲜，奶汤色白而醇。胶东菜以烹制各种海鲜菜驰名，擅长爆炸扒蒸，口味以鲜为主，偏重清淡，注意保持

主料的鲜味。鲁菜总的特点在于注重突出菜肴的原味，内地以咸鲜为主，沿海以鲜咸为特色。

鲁菜的代表菜有蟹黄海参、白汁裙边、干炸赤鳞鱼、菊花全蝎、汤爆双脆、山东蒸丸、九转大肠、福山烧鸡、鸡丝蜇头、清汤燕窝、清蒸加吉鱼、醋椒鳜鱼、扒原壳鲍鱼、奶汤蒲菜、红烧海螺、烧蛎黄、烤大虾、白汁瓤鱼、麻粉肘子等。

(二)鲁菜的形成

鲁菜的形成和发展与山东地区的文化历史、地理环境、经济条件和习俗尚好有关。山东是我国古文化发祥地之一，位于黄河下游，地处胶东半岛，延伸于渤海与黄海之间，海鲜水族、粮油畜牲、蔬菜果品、昆虫野味一应俱全，为烹饪提供了丰盛的物质条件。全省气候适宜，沃野千里，物产丰富，交通便利，文化发达，沿海一带盛产海产品，内地的家畜、家禽以及菜、果、淡水鱼等品种繁多，分布很广。山东粮食产量居全国第三位，蔬菜种类繁多，品质优良，是"世界三大菜园"之一，猪、羊、禽、蛋等产量也极为可观。水产品产量也是全国第三，其中名贵海产品有鱼翅、海参、大对虾、加吉鱼、比目鱼、鲍鱼等驰名中外。如此丰富的物产，为鲁菜系的发展提供了取之不尽、用之不竭的原料资源。山东的历代厨师利用丰富的物产创造了较高的烹饪技术，发展完善了鲁菜。

鲁菜历史悠久，影响广泛。《尚书·禹贡》中载有"青州贡盐"，说明至少在夏代，山东已经用盐调味；远在周朝的《诗经》中已有食用黄河的鲂鱼和鲤鱼的记载，而今糖醋黄河鲤鱼仍然是鲁菜中的佼佼者，可见其源远流长。古书云："东方之域，天地之所始生也。鱼盐之地，海滨傍水，其民食鱼而嗜咸。皆安其处，美其食。"（《黄帝内经·素问·异法方宜论》）

鲁菜系的雏形可以追溯到春秋战国时期，齐桓公的宠臣易牙就曾是以"善和五味"而著称的名厨。南北朝时，高阳太守贾思勰在其著作《齐民要术》中，对黄河中下游地区的烹饪术作了较系统的总结，不但详细阐述了煎、烧、炒、煮、烤、蒸、腌、腊、炖、糟等烹调方法，还记载了"烤鸭"、"烤乳猪"等名菜的制作方法，反映了当时鲁菜发展的高超技艺。唐代的段文昌，山东临淄人，穆宗时任宰相，精于饮食，并自编食经五十卷，成为历史掌故，而吴苞、崔浩、段成式、公都或等著名的烹饪高手或美食家，也为鲁菜的发展做出了重要贡献。到了宋代，宋都汴梁所称"北食"即鲁菜的别称，已形成了一定的规模。明清两代，鲁菜大量进入宫廷，成为御膳的珍品，并逐渐自成菜系，从齐鲁而京畿，从关内到关外，影响所及已达黄河流域、东北地带，有着广泛的饮食群众基础。

（三）鲁菜的特点

1. 鲁菜飘葱香

鲁菜善于以葱香调味，在菜肴烹制过程中，不论是爆、炒、烧、熘，还是烹调汤汁，都以葱丝（或葱末）爆锅，就是蒸、扒、炸、烤等菜，也借助葱香提味，如烤鸡、烤乳猪、锅烧肘子、炸脂盖等，均以葱段为作料。

2. 烹制海鲜独到

在山东，海珍品和小海味的烹制堪称一绝，无论是参、翅、燕、贝，还是鳞、虾、蟹，经当地厨师妙手烹制，都可成为鲜美的佳肴。仅胶东沿海生长的比目鱼（当地俗称偏口鱼），运用多种刀工处理和不同技法，就可烹制成数十道美味佳肴，其色、香、味、形各具特色，百般变化于一鱼之中。以小海鲜烹制的油爆双花、红烧海螺、炸蛎黄以及用海珍品制作的蟹黄鱼翅、扒原壳鲍鱼、绣球干贝等，都是独具特色的海鲜珍品。

3. 精于制汤

汤有"清汤"、"奶汤"之别。《齐民要术》中就有制作清汤的记载，是味精产生之前的提味作料。俗称"厨师的汤，唱戏的腔"。经过长期实践，现已演变为用肥鸡、肥鸭、肥肘子为主料，经沸煮、微煮、清哨，使汤清澈见底，味道鲜美，奶汤则成乳白色。用"清汤"和"奶汤"

制作的数十种菜，多被列入高级宴席的珍馐美味。

4. 庖厨烹技全面

鲁菜庖厨烹技全面，其中尤以"爆、炒、烧、塌"等最有特色。正如清代袁枚称："滚油炮（爆）炒，加料起锅，以极脆为佳。此北人法也。"爆炒在瞬

间完成，营养素保护好，食之清爽不腻；烧有红烧、白烧，著名的"九转大肠"是烧菜的代表；"塌"是山东独有的烹调方法，其主料要事先用调料腌渍入味或夹入馅心，再沾粉或挂糊，两面塌煎至金黄色，放入调料或清汤，以慢火㸆尽汤汁。使之浸入主料，增加鲜味。山东广为流传的锅塌豆腐、锅塌菠菜等，都是久为人们所乐道的传统名菜。

（四）鲁菜的派系

随着历史的演变和经济、文化、交通事业的发展，鲁菜系逐渐形成包括青岛在内，以福山帮为代表的胶东派，以及包括德州、泰安在内的齐鲁派两个流派，并有堪称"阳春白雪"的典雅华贵的孔府菜，还有星罗棋布的各种地方菜和风味小吃。

1. 齐鲁菜

齐鲁派以济南菜为代表，在山东北部、天津、河北盛行。泉城济南，自金、元以后便设为省治，济南的烹饪大师们，利用丰富的资源，全面继承传统技艺，广泛吸收外地经验，把东路福山、南路济宁、曲阜的烹调技艺融为一体，将当地的烹调技术推向精湛完美的境界。

齐鲁菜取料广泛，高自山珍海味，低至瓜、果、菜、蔬，就是极平常的蒲菜、芸豆、豆腐和畜禽内脏等，一经精心调制，即可成为脍炙人口的美味佳肴。济南菜讲究清香、鲜嫩、味纯，有"一菜一味，百菜不重"之称。齐鲁菜精于制汤，尤重制汤，清汤、奶汤的使用及熬制都有严格规定。济南的清汤、奶汤

极为考究，独具一格。在济南菜中，用爆、炒、烧、炸、塌、扒等技法烹制的名菜就达二三百种之多。糖醋鲤鱼、宫保鸡丁（鲁系）、九转大肠、清汤什锦、奶汤蒲菜、南肠、玉记扒鸡、济南烤鸭等名菜家喻户晓，别具一格，而里嫩外焦的糖醋黄河鲤鱼、脆嫩爽口的油爆双脆、素菜之珍的锅塌豆腐，则显示了济南派的火候功力。济南著名的风味小吃有：锅贴、灌汤包、盘丝饼、糖酥煎饼、罗汉饼、金钱酥、清蒸蜜三刀、水饺等。德州菜也是齐鲁风味中重要的一支，代表菜有德州脱骨扒鸡。

2. 胶东菜

胶东菜以烟台福山菜为代表，流行于胶东、辽东等地。胶东菜源于福山，距今已有百余年历史。福山地区作为烹饪之乡，曾涌现出许多名厨高手，通过他们的努力，使福山菜流传于省内外，并对鲁菜的传播和发展做出了贡献。胶东派以烹制各种海鲜而驰名，以烟台为代表，仅用海味制作的宴席，就有全鱼席、鱼翅席、海参席、海蟹席、小鲜席等，构成品类纷繁的海味菜单。其擅长爆、炸、扒、炒、煎、焖、熘、蒸，口味以鲜夺人，偏于清淡，讲究原汁原味和花色造型，选料则多为明虾、海螺、鲍鱼、蛎黄等海鲜。

胶东派名菜有"扒原壳鲍鱼"，主料为长山列岛海珍鲍鱼，以鲁菜传统技法烹调，鲜美滑嫩，催人食欲。其他名菜还有蟹黄鱼翅、芙蓉干贝、肉末海参、香酥鸡、家常烧牙片鱼、崂山菇炖鸡、原壳鲍鱼、酸辣鱼丸、油爆海螺、大虾烧白菜、黄鱼炖豆腐、烧海参、烤大虾、炸蛎黄和清蒸加吉鱼等，特色小吃有烤鱿鱼、酱猪蹄、三鲜锅贴、白菜肉包、辣炒蛤蜊、海鲜卤面、排骨米饭、鲅鱼水饺、海菜凉粉、鸡汤馄饨等。

3. 孔府菜

孔府菜以曲阜菜为代表，流行于山东西南部和河南地区，和江苏菜系的徐州风味较近。孔府菜有"食不厌精，脍不厌细"的特色，其用料之精广、刀工之细腻，筵席之丰盛，其烹调程序之严格复杂可与过去宫廷御膳相比。口味讲究清淡鲜嫩、软烂香醇、原

汁原味。对菜点制作精益求精，始终保持传统风味，是鲁菜中的佼佼者。原曾封闭在孔府内的孔府菜，如今也走向了市场，济南、北京都开办了"孔膳堂"。

孔府宴席用于接待贵宾、上任、生辰佳日、婚丧喜寿时特备。宴席遵照君臣父子的等级，有不同的规格。第一等用于接待皇帝和钦差大臣的"满汉全席"，是以清代国宴的规格设置的，使用全套银餐具，上菜196道，全是山珍海味，熊掌、燕窝、鱼翅等，还有满族的"全羊带烧烤"。

孔府菜和江苏菜系中的淮扬风味并称为"国菜"，代表菜有：一品寿桃、翡翠虾环、海米珍珠笋、炸鸡扇、燕窝四大件、烤牌子、菊花虾包、一品豆腐、寿字鸭羹、拔丝金枣。"八仙过海闹罗汉"是孔府喜寿宴第一道菜，选用鱼翅、海参、鲍鱼、鱼骨、鱼肚、虾、芦笋、火腿为"八仙"，将鸡脯肉剁成泥，在碗底做成罗汉钱状，称为"罗汉"。制成后放在圆瓷罐里，摆成八方，中间放罗汉鸡，上撒火腿片、姜片及氽好的青菜叶，再将烧开的鸡汤浇上即成。旧时此菜上席即开锣唱戏，在品尝美味的同时听戏，热闹非凡，也奢侈至极。

（五）鲁菜的代表菜

1. 糖醋黄河鲤鱼

活鱼任顾客选定，然后入厨，经热油炸熟，浇糖醋汁而成。造型生动，扬首翘尾，外焦里嫩，色泽红亮，香酥酸甜，咸鲜香醇，为鲁菜代表品种之一。

2. 九转大肠

清代光绪年间，济南九华林酒楼店主将猪大肠洗涮后，加香料开水煮至软酥取出，切成段后，加酱油、糖、香料等制成又香又肥的红烧大肠，闻名于市。后来在制作上又有所改进，将洗净的大肠入开水煮熟后，入油锅炸，再加入调味和香料烹制，此菜味道更鲜美。文人雅士根据其制作精细如道家"九炼金丹"一般，将其取名为"九转大肠"。此菜品色泽红润，软嫩鲜醇，五味俱全，肥而不腻。

3. 三不粘

以鸡蛋黄、绿豆粉、白糖为主料，清水和匀，充分搅打，入油锅翻炒而成。色泽金黄，香甜不腻，软糯适口，以不粘盘、筷、牙齿得名。为孔府首创，后传入宫廷、京城。

4. 扒原壳鲍鱼

将鲍鱼空壳整齐仰置于鱼肉泥盘中蒸熟，放鲍鱼、冬笋、火腿等余片，淋芡汁，配鲜菜而成。造型美观，汤汁白亮，鲜嫩清爽。

5. 八仙过海闹罗汉

以鱼翅、鲍鱼、海参、鱼肚、鱼骨、虾仁、鸡脯、鳜鱼八料，经余、度、蒸、腌制熟，分放于同一锅内，正中放罗汉钱状鸡肉泥饼，稍蒸后浇套汤上席。为过去孔府举行喜庆筵席的首道主菜，此菜一入席，即可鸣锣演戏，因名为"闹"。其外观精美，用料高贵，烹调细腻，香醇味美。

6. 孔府一品锅

又名当朝一品锅，原指银质点铜锡的双层大型餐具，呈四瓣桃圆形，盖钮为双桃状，盖上刻"当朝一品"四字，里外层之间可注入热水保温，系清乾隆帝御赐。该菜将鸡脯丝、鱼肚片、虾饼、海参片及其他配料，于套汤中度过，依次摆入一品锅内，覆以烧好的燕菜，浇套汤上席。

7. 一卵孵双凤

原名西瓜鸡，清代孔府内厨首创。西瓜去部分瓜瓤，利用其空间填入去骨雏鸡二只，放配料蒸熟。酥烂鲜醇，有西瓜香，为夏令大件清蒸菜。

8. 一品豆腐

整块嫩豆腐挖空，内填鸡肉、猪肉、海参、虾仁、鱼肚丁及调料为馅，烧炖成熟后，用火腿条摆一品两字。其味道鲜嫩清爽。

9. 清蒸加吉鱼

经清炖之后的加吉鱼，汤呈白色，汁清味浓，鱼肉鲜美，滋味醇厚。

二、川菜

（一）概述

　　川菜主要由重庆、成都及川北、川南的地方风味名特菜肴组成，它取材广泛，调味多变，菜式多样，口味清鲜醇浓并重，以善用麻辣著称，并以其别具一格的烹饪方法和浓郁的地方风味，融会了东南西北各方的特点，博采众家之

长，善于吸收，善于创新，享誉中外。川菜在秦末汉初就初具规模，唐宋时发展迅速，明清已富有名气，如今川菜馆遍布世界；从高级筵席"三蒸九扣"到大众便餐、民间小吃、家常风味等，且花式新颖，做工精细，菜品繁多，达四千余种，味型之多，居各大菜系之首。在国际上享有"食在中国，味在四川"的美誉。

　　四川古称巴蜀之地，号称"天府之国"，位于长江上游，气候温和，雨量充沛，群山环抱，江河纵横，盛产粮油，蔬菜瓜果四季不断，家畜家禽品种齐全，山岳深丘特产熊、鹿、獐、狍、银耳、虫草、竹笋等山珍野味，江河湖泊又有江团、雅鱼、岩鲤、中华鲟。优越的自然环境，丰富的特产资源，都为四川菜的形成与发展提供了有利条件。

　　川菜是以成都、重庆两个地方菜为代表，选料讲究，规格划一，分色配菜层次分明，鲜明协调。其特点是突出麻、辣、香、鲜、油重、味浓，以胡椒、花椒、辣椒、豆瓣酱等为主要调味品，不同的配比，化出了麻辣、酸辣、椒麻、荔枝、麻酱、蒜泥、芥末、红油、糖醋、鱼香、怪味等各种复合味型，无不厚实醇浓，具有"一菜一格"、"百菜百味"的特殊风味，各式菜点无不脍炙人口。

　　在烹调方法上，川菜擅长炒、滑、熘、爆、煸、炸、煮、煨等近四十种，尤为小煎、小炒、干煸和干烧有其独道之处。在口味上特别讲究色、香、味、

形，兼有南北之长，以味的多、广、厚著称。川菜有"七滋八味"之说，"七滋"指甜、酸、麻、辣、苦、香、咸；"八味"即是鱼香、酸辣、椒麻、怪味、麻辣、红油、姜汁、家常。川菜代表菜有干烧岩鲤、干烧桂鱼、鱼香肉丝、怪味鸡、宫保鸡丁、粉蒸牛肉、麻婆豆腐、毛肚火锅、樟茶鸭子、干煸牛肉丝、夫妻肺片、灯影牛肉、担担面、赖汤圆、龙抄手等。川菜中五大名菜是：鱼香肉丝、宫保鸡丁、夫妻肺片、麻婆豆腐、回锅肉等。

（二）川菜的形成

四川既然称"天府之国"，烹饪原料当然是多而广的。四川境内，沃野千里，江河纵横，物产富庶。牛、羊、猪、狗、鸡、鸭、鹅、兔，可谓六畜兴旺，笋、韭、芹、藕、菠、蒿，堪称四季常青，淡水鱼有很多佳品，江团、岩鲤、雅鱼、长江鲟，以四川产的为珍。即便是一些干杂品，如通江、万源的银耳，宜宾、乐山、涪陵、凉山等地出产的竹笋，青川、广元等地出产的黑木耳，宜宾、万县、涪陵、达川等地出产的香菇，四川多数地方都产的魔芋，均为佼佼者。就连石耳、地耳、绿菜、侧耳根、马齿苋这些生长在田边地头、深山河谷中的野蔌之品，也成为做川菜的好材料。还有作为中药的冬虫夏草、川贝母、川杜仲、天麻，亦被作为养生食疗的烹饪原料。四川人饮食特别讲究滋味，因此，很注意培养优良的种植调味品和生产、酿造高质量的调味品。自贡井盐、内江白糖、阆中保宁醋、中坝酱油、郫县豆瓣、清溪花椒、永川豆豉、涪陵榨菜、叙府芽菜、南充冬菜、新繁泡菜、忠州豆腐乳、温江独头蒜、北碚莴姜、成都二金条海椒等等，都是品质优异者。川菜在形成和发展完善过程中，还受到一些因素影响，诸如四川有尚滋味的饮食传统习俗，有热心饮食之士的烹饪研究，有民族的口味融合，有善于吸收各方面烹饪精华的"拿来主义"精神，等等。

川菜亦是历史悠久，其发源地是古代的巴国和蜀国。据《华阳国志》记载，巴

国"土植五谷，牲具六畜"，并出产鱼盐和茶蜜；蜀国则"山林泽鱼，园囿瓜果，四代节熟，靡不有焉"。当时巴国和蜀国的调味品已有卤水、岩盐、川椒、"阳朴之姜"。在战国时期墓地出土文物中，已有各种青铜器和陶器食具，川菜

的萌芽可见一斑。川菜系的形成，大致在秦始皇统一中国到三国鼎立之间。当时四川政治、经济、文化中心逐渐移向成都。无论烹饪原料的取材，还是调味品的使用，以及刀工、火候的要求和专业烹饪水平，均已初具规模，已有菜系的雏形。

隋唐五代，川菜有较大的发展。两宋时，川菜已跨越了巴蜀疆界，进入北宋东京、南宋临安两都，为川外人所知。明末清初，川菜运用引进种植的辣椒调味，对继承巴蜀早就形成的"尚滋味"、"好辛香"的调味传统，进一步有所发展。清乾隆年间，四川罗江著名文人李调元在其《函海·醒园录》中就系统地搜集了川菜的 38 种烹调方法。晚清以后，逐步形成为一个地方风味极其浓郁的体系，与黄河流域的鲁菜、岭南地区的粤菜、长江下游的淮扬菜同列。

（三）川菜的特点

川菜以用料广博、味道多样、菜肴适应面广而著称，其中尤以味型多、变化巧妙而闻名。"味在四川"，是世人所公认的。

1. 麻辣见长

川菜因地理环境、风俗习惯而以麻辣为主。辣椒与其他辣味料合用或分别使用，就出现了干香辣（用干辣椒）、酥香辣（糊辣壳）、油香辣（胡椒）、芳香辣（葱姜蒜）、甜香辣（配圆葱或薤头）、酱香辣（郫县豆瓣或元红豆瓣）等十种不同辣味。四川常用的味型如口感咸鲜微辣的家常味型，咸甜辣香辛兼有的鱼香味型，甜咸酸辣香鲜各味十分和谐的怪味型，以及表现不同层次麻辣的红油味型、麻辣味型、酸辣味型、糊辣味型、陈皮味型、椒麻味型、椒盐味型、芥末味型、蒜泥味型、姜汁味型，使辣味调料发挥了各自的长处，辣出了风韵。

2. 注重调味

川菜调味品复杂多样，有特点，讲究川料川味，调味品多用辣椒、花椒、胡椒、香糟、豆瓣酱、葱、姜、蒜等。同时，以多层次、递增式调味方法见长，因而味型多，以麻辣、鱼香、怪味、酸辣、椒麻等味型独擅其长。

3. 烹调手法

川菜受到人们的喜爱和推崇，是与其讲究烹饪技术、制作工艺精细、操作要求严格分不开的。川菜品种丰富，拥有四千多个菜肴点心品种，由筵席菜、便餐菜、家常菜、三蒸九扣菜、风味小吃五大类组成的。众多的川菜品种，是用多种烹饪方法制作出来的。烹调手法上擅长炒、滑、熘、爆、煸、炸、煮、煨等，尤为小煎、小炒、干煸和干烧有其独道之处。小炒之法，不过油，不换锅，临时对汁，急为短炒，一锅成菜，菜肴起锅装盘，顿时香味四溢。干煸之法，用中火热油，将丝状原料不断翻拨煸炒，使之脱水、成熟、干香。干烧之法，用中火慢烧，使有浓厚味道的汤汁渗透于原料之中，自然成汁，醇浓厚味。

4. 复合味型川菜

家常味型：以川盐、郫县豆瓣、酱油、料酒、味精、胡椒面调成。特点是咸鲜微辣。如生爆盐煎肉、家常臊子海参、家常臊子牛筋、家常豆腐等。

麻辣味型：用川盐、郫县豆瓣、干红辣椒、花椒、干辣椒面、豆豉、酱油等调制。特点是麻辣咸鲜。如麻婆豆腐、水煮牛肉、干煸牛肉丝、麻辣牛肉丝等。

糊辣味型：以川盐、酱油、干红辣椒、花椒、姜、蒜、葱为调料制作。特点是香辣，以咸鲜为主，略带甜酸。如宫保鸡丁、宫保虾仁、宫保扇贝、拌糊辣肉片等。

咸鲜味型：主要以川盐和味精调制，突出鲜味，咸味适度，咸鲜清淡。如鲜蘑菜心、白汁鲤鱼、黄烧鱼翅、鲜溜鸡丝、雪花凤淖、鲜溜肉片等。

姜汁味型：用川盐、酱油、姜末、香油、味精调制。特点是咸鲜清淡，姜汁味浓。如姜汁仔鸡、姜汁鲜鱼、姜汁鱼丝、姜汁鸭掌、姜汁菠菜等。

酸辣味型：以川盐、酱油、醋、胡椒面、味精、香油为调料。特点是酸辣咸鲜，醋香味浓。如辣子鸡条、辣子鱼块、炝黄瓜条等。

鱼香味型：用川盐、酱油、糖、醋、泡辣椒、姜、葱、蒜调制。特点是咸辣酸甜，具有川菜独特的鱼香味。如鱼香肉丝、鱼香大虾、过江鱼香煎饼、鱼香前花、鱼香酥凤片、鱼香凤脯丝、鱼香鸭方等。

椒麻味型：主要以川盐、酱油、味精、花椒、葱叶、香油调制。特点是咸鲜味麻，葱香味浓。一般为冷菜，如椒麻鸡片、椒麻鸭掌、椒麻鱼片等。

怪味型：主要以酱油、白糖、醋、红油辣椒、花椒面、芝麻酱、熟芝麻、味精、胡椒面、姜、葱、蒜、香油等调制。特点是各味兼备，麻辣味长。一般为冷菜，如怪味鸡丝、怪味鸭片、怪味鱼片、怪味虾片、怪味青笋等。

（四）川菜的派系

1.上河帮

又称蓉派，以成都和乐山菜为主，其特点是小吃，亲民为主，比较清淡，传统菜品较多。蓉派川菜讲求用料精细准确，严格以传统经典菜谱为准，其味温和，绵香悠长。通常颇具典故。其著名菜品有麻婆豆腐、回锅肉、宫保鸡丁、盐烧白、夫妻肺片、蚂蚁上树、灯影牛肉、蒜泥白肉、樟茶鸭子、白油豆腐、鱼香肉丝、东坡墨鱼、清蒸江团等。"东坡墨鱼"是四川乐山一道与北宋大文豪苏东坡有关的风味佳肴。相传苏东坡去凌云寺读书时，常去凌云岩下洗砚，江中之鱼食其墨汁，皮色浓黑如墨，人们称之为"东坡墨鱼"，和江团、肥浣并称为"川江三大名鱼"。

2.下河帮

又称渝派，以重庆和达州菜为主，其特点是家常菜，亲民，比较麻辣，多创新。渝派川菜大方粗犷，以花样翻新迅速、用料大胆、不拘泥于材料著称，俗称江湖菜。大多起源于市民家庭厨房或路边小店，并逐渐在市民中流传。其代表作有酸菜鱼、毛血旺、口水鸡、干菜炖烧系列（多以干豇豆为主），水煮肉片和水煮鱼为代表的水煮系列，辣子鸡、辣子田螺和辣子肥肠为代表的辣子系列等。

3. 小河帮

又称盐帮菜，以自贡和内江为主，其特点是大气、怪异、高端。一般认为蓉派川菜是传统川菜，渝派川菜是新式川菜。以做回锅肉为例，蓉派做法中材料必为三线肉（五花肉上半部分）、青蒜苗、郫县豆瓣酱以及甜面酱，缺一不可；而渝派做法则不然，各种带皮猪肉均可使用，青蒜苗亦可用其他蔬菜代替，甜面酱可用蔗糖代替。而具体烩制手法两派基本相似，不同之处在于蓉派沿袭传统，渝派推陈出新。

（五）川菜的代表菜

1. 夫妻肺片

相传在 20 世纪 30 年代，成都郭朝华夫妻沿街设摊以出售肺片为业，因制作精细，风味独特而为群众所喜食，"夫妻肺片"因此得名。以后发展为设店经营，用料以肉、心、舌、肚、头、皮等代替最初的肺，质量更为出色，已成为四川的著名菜肴之一，其特点是口味麻辣浓香。

2. 干烧鱼

干烧鱼是川菜风味较浓的一个菜，它颜色红亮、味道咸鲜带辣回甜，是鱼类菜的佼佼者。一般在烹制鱼类菜肴时，如豆瓣鱼、红烧鱼等，鱼成熟装盘后，锅中的汤汁要适量勾入水淀粉，使汁收稠，淋在鱼上，达到汁浓味厚的目的。而干烧鱼则不同，鱼烧熟装盘后，锅中的鱼汁不用水淀粉收稠，而是把汁继续熬煮，待水分将干，余油吐出时，离火，将汁浇在鱼上，使鱼的口味更加浓厚，这种方法称"自然收稠"，这就是干烧鱼与其他鱼类菜肴烹制时的不同点。

3. 水煮肉片

是以瘦猪肉、鸡蛋为主料，用植物油烹制的辣味肉菜，不仅可以增进食欲，还可以补充

中国八大菜系

53

优质蛋白质和必需的脂肪酸、维生素、铁等营养素。值得一提的是这种肉的制作方法：肉片需挂糊再烹制，既可以保持肉质的鲜嫩，又使人容易消化，整个过程中又没有经过长时间高温油炸，避免了致癌物质的产生，是一种比较科学的肉类烹制方法。

4. 鱼香肉丝

色泽金红，入口滑嫩，酸甜辣咸一应俱全。此菜虽为四川民间家常菜，但流传甚广。

5. 东坡肘子

汤汁乳白，雪豆粉白，猪肘烂软适口，原汁原味，香气四溢。

三、粤菜

（一）概述

广东菜，简称粤菜，是我国八大菜系之一，有"食在广州"的美誉，以特有的菜式和韵味，独树一帜，在国内外享有盛誉。广东地处亚热带，濒临南海，四季常青，物产丰富，山珍海味无所不有，蔬果时鲜四季不同，清人竹枝词曰："响螺脆不及蚝鲜，最好嘉鱼二月天。冬至鱼生夏至狗，一年佳味几登筵。"把广东丰富多样的烹饪资源淋漓尽致地描绘了出来。粤菜历史悠久，西汉时就有粤菜的记载，明清发展迅速，20世纪随着对外通商，吸取西餐的某些特长，粤菜也推向世界。

粤菜用料广泛，选料精细，技艺精良，花色繁多，形态新颖，善于变化，一般夏秋力求清淡，冬春偏重浓醇。粤菜系在烹调上以炒、爆为主，兼有烩、煎、烤，讲究鲜、嫩、爽、滑，清而不淡，鲜而不俗，脆嫩不生，油而不腻。曾有"五滋六味"之说。"五滋"即香、松、臭、肥、浓，"六味"是酸、甜、苦、辣、咸、鲜，同时注意色、香、味、形。许多广东点心是用烘箱烤出来的，带有西菜的特点。

粤菜集南海、番禺、东莞、顺德、中山等地方风味的特色，兼京、苏、扬、杭等外省菜以及西菜之所长，融会贯通，自成一家。粤菜取百家之长，用料广博，选料珍奇，配料精巧，善于在模仿中创新，依食客喜好而烹制。粤菜烹调方法中的泡、扒、烤、川是从北方菜的爆、扒、烤、氽移植而来。而煎、炸的新法是吸取西菜同类方法改进之后形成的。但粤菜的移植，并不生搬硬套，乃是结合广东原料广博、质地鲜嫩，人们口味喜欢清鲜常新的特点，加以发展，触类旁通。如北方菜的扒，通常是将原料调味后，烤至酥烂，推芡打明油上碟，称为清扒。而粤菜的扒，却是将原料煲或蒸至腻，

然后推阔芡扒上，表现多为有料扒，代表作有八珍扒大鸭、鸡丝扒肉脯等。

粤菜以广州、潮州、东江三种地方菜为主。广州菜配料多，善于变化，讲

究鲜、嫩、爽、滑，一般是夏秋力求清淡，冬春偏重浓醇，尤其擅长小炒，要求掌握火候，油温恰到好处。潮州菜以烹制海鲜见长，更以汤菜最具特色，刀工精巧，口味清纯，注意保持主料原有的鲜味。东江菜主料突出，朴实大方，有独特的乡土风味。

粤菜尤以烹制蛇、狸、猫、狗、猴、鼠等野生动物而负盛名，著名的菜肴有：烤乳猪、文昌鸡、白灼虾、龙虎斗、太爷鸡、香芋扣肉、红烧大裙翅、黄埔炒蛋、炖禾虫、狗肉煲、五彩炒蛇丝、菊花龙虎凤蛇羹、龙虎斗、脆皮乳猪、咕噜肉、大良炒鲜奶、潮州火筒炖鲍翅、蚝油牛柳、冬瓜盅等。粤菜有"三绝"说：炆狗，选"砧板头、陈皮耳、筷子脚、辣椒尾"形的精壮之狗，加上调料烹制，食时配上生菜、塘蒿、生蒜，佐以柠檬叶丝或紫苏叶，使之清香四溢；雀指的是"禾花雀"，此雀肉嫩骨细，味道鲜美；烩蛇羹，俗称"龙虎斗"，是用眼镜蛇、金环蛇等配以老猫和小母鸡精心烩制而成的佳肴，因蛇似龙，猫类虎，鸡肖凤，故又名"龙虎凤大烩"。此外，广东点心是中国面点三大特色之一，历史悠久，品种繁多，五光十色，造型精美且口味新颖，别具特色。

(二) 粤菜的形成

粤菜的形成和发展与广东的地理环境、经济条件和风俗习惯密切相关。广东地处亚热带，一直是中国的南方大门，濒临南海，雨量充沛，四季常青，物产丰富，山珍海味无所不有，蔬果时鲜四季不同，境内高山平原鳞次栉比，江河湖泊纵横交错，气候温和，动、植物类的食品资源极为丰富。故广东的饮食，一向得天独厚。

早在西汉《淮南子·精神篇》就有"越人得蚺蛇以为上肴"的记载，说明粤菜选料的精细和广泛，可以想见千余年前的广东人对用不同烹调方法烹制不同

的异味已游刃有余。到南宋时，粤人"不问鸟兽虫蛇，无不食之"，章鱼等海味已是许多地方的上品佳肴。至此，粤菜作为一个菜系已初具雏形，"南烹"之名见于典籍。到了晚清，广州已成为中国南方最大的经济重镇，更加速了南北风味大交流。京都风味、姑苏风味等与广东菜各地方风味特色互相影响和渗透促进，烹饪大师们不断吸收、积累各种烹调技术，并根据本地环境、民俗、口味、嗜好加以改良创造，使粤菜得以迅猛发展，在闽、台、琼、桂诸方占有主要阵地。正因为粤菜善于博采众长，融会贯通，鸦片战争后，相继传入的西餐烹调技艺也给粤菜留下了鲜明的中西合璧的烙印。

（三）粤菜的特点

1. 选料广泛、广博奇异

粤菜选料广博奇特，选料精细，配合四时更替，四季时令菜肴重在色、香、清、鲜。品种花样繁多，令人眼花缭乱，"不问鸟兽虫蛇，无不食之"。天上飞的，地上爬的，水中游的，几乎都能上席。鹧鸪、禾花雀、豹狸、果子狸、穿山甲、海狗鱼等飞禽野味自不必说；猫、狗、蛇、鼠、猴、龟，甚至不识者误认为"蚂蟥"的禾虫，亦在烹制之列，而且一经厨师之手，顿时就变成异品奇珍、美味佳肴，每令食者击节赞赏，叹为"异品奇珍"。

2. 刀工操作精细，口味偏清淡

刀工干练以生猛海鲜类的活杀活宰见长，技法上注重朴实自然，不像其他菜系刀工细腻，常用的有熬、煲、蒸、炖、扣、炒、泡、扒、炸、煎、浸、滚、烩、烧、卤等，并且注重质和味，口味比较清淡，力求清中求鲜、淡中求美，同时随季节时令的变化而变化，夏秋偏重清淡，冬春偏重浓郁，追求色、香、味、型。食味讲究清、鲜、嫩、爽、滑、香；同时，调味遍及香、松、脆、肥、浓五滋和酸、甜、苦、辣、咸、鲜六味，具有浓厚的南国风味。粤菜的调味品多用老抽、柠檬汁、豉汁、蚝油、海鲜酱、沙茶酱、鱼露、栗子粉、吉士粉、嫩肉粉、生粉、黄油等，这些都是其他菜系不

用或少用的调料。

3. 博采众长，勇于创新

粤菜用量精而细，配料多而巧，装饰美而艳，而且善于在模仿中创新，品种繁多。烹调方法许多源于北方或西洋，经不断改进而形成了一整套不同于其他菜系的烹调体系。粤菜是由中外饮食文化融合，并结合地域气候特点不断创新而成的。历史上几次北方移民到岭南，把北方菜系的烹饪方法传到广东。清末以来，广东的开放也使得饮食上渗透了西方饮食文化的成分。粤菜的烹调方法有三十多种，其中的泡、扒是从北方的爆、扒移植来的，焗、煎、炸则是从西餐中借鉴。广东人思想开放，不拘教条，一向善于模仿创新，因此在菜式和点心研制上，富于变化，标新立异；制作精良，品种丰富。

（四）粤菜的派系

粤菜系由广州菜、潮州菜、东江菜三种地方风味组成，以广州菜为代表。

1. 广州菜

广州菜以广州为中心，集南海、番禺、东莞、顺德、中山等地方风味的特色，主要流行于广东中西部、广西东部、香港、澳门。地域最广，用料庞杂，选料精细，技艺精良，善于变化，风味讲究，清而不淡，鲜而不俗，嫩而不生，油而不腻，擅长小炒，要求掌握火候和油温恰到好处。广州菜尤其有喜爱杂食的癖好。外地人对"鸟鼠蛇虫"皆闻"食"而色变，广州菜却奉为"佳肴"。俗语说："宁食天上四两，不食地上半斤。"可知粤人对飞禽之崇尚。所以，鹧鸪、蚬鸭、乳鸽等无不列入菜谱之中。代表菜品有龙虎斗、白灼虾、烤乳猪、香芋扣肉、黄埔炒蛋、炖禾虫、狗肉煲、五彩炒蛇丝等名菜。

2. 东江菜

东江菜又称客家菜，流行于广东、江西和福建的客家地区，和闽菜系中的闽西风味较近。客家人原是中原人，在汉末和北宋后期因避战乱南迁，聚居在广东东江一带。其语言、风俗尚保留中原固有的风貌，菜品多用肉类，极少用水产，主料突出，讲究香浓，下油重，味偏咸，以砂锅菜见长，有独特的乡土风味。东江菜烹制主料突出，讲究香浓；注重火功，造型古朴，以炖、烤、焗见称，尤以砂锅菜和"酿"制技艺擅长。口味偏重香、浓、鲜、甜。喜用鱼露、沙茶酱、梅羔酱、姜酒等调味品，甜菜较多，款式百种以上，都是粗料细作，香甜可口。代表品种有烧雁鹅、豆酱鸡、护国菜、什锦乌石参、葱姜炒蟹、干炸虾枣等，都是潮州特色名菜，流传岭南地区及海内外。

3. 潮州菜

潮州菜主要流行于潮汕地区，因语言和习俗而与闽南相近。隶属广东之后，又受珠江三角洲的影响，故潮州菜接近闽、粤，汇两家之长，自成一派。得天独厚的资源造就了潮菜以烹制海鲜见长。其独特之处在于选料鲜活，清鲜爽口，郁而不腻。盘菜讲究急汤，汤菜保持原汁原味。潮菜的烹调法有炆、炖、煎、炸、炊、泡、烧、扣、淋、烤等十多种，以炆、炖见长；技艺精细，注重拼砌和彩盘点缀；爱用鱼露、豆酱、沙茶酱、梅羔酱、红醋等调味品。

（五）粤菜的代表菜

1. 白切鸡

此菜由来已久，在《随园食单》鸡菜中被列为首位。粤菜厨坛中有句行话，叫"无鸡不成席"，用鸡烹制的菜式丰富。在筵席上，"白切鸡"往往被首选，其魅力可见一斑。鸡皮爽脆，肉软嫩而清鲜；以姜泥、葱丝佐食，滋味尤美。

2. 蚝油牛肉

广州名菜，制法简便，历久不衰。蚝味鲜浓，肉质软滑。如加入青菜煸炒，菜翠肉红，色泽鲜明。

3. 香滑鲈鱼球

为粤菜"十大海鲜"之一。以珠江三角洲所产新鲜鲈鱼加调味料，炒至八九成熟，迅速端出，浇以热油，

继续加温，至熟透。此菜讲究火候、油温，色泽洁白，芡汁明亮，清爽鲜美。

4. 干煎虾碌

粤菜"十大海鲜"之一，四季适宜。肉质鲜爽，外皮焦香，红艳明亮，滋味甚美。

5. 明炉啤酒花雀

禾花雀是候鸟，每年中秋前后飞临珠江三角洲，其时肉质肥嫩，成为粤人捕食的佳品。传统以焗酿禾花雀著名，现则花样众多。此制法简便，风味也佳，为现代人崇尚。金黄亮泽，浓郁中带有啤酒麦芽的香味。

6. 沙茶涮牛肉

与涮羊肉媲美，是潮汕人冬春喜爱的食品。肉薄而嫩，生菜爽口，有沙茶的滋味。

7. 东江盐焗鸡

传统风味，四季皆宜。有三种制法：用炒熟的盐将鸡焗熟；用盐蒸汽焗熟；用盐水滚熟。色微黄、皮爽肉滑，骨香味浓。

8. 菊花龙虎凤

蛇、猫、鸡三种肉丝，拌冬菇、甜枣烹制而成。其味甘美，有滋补健肾之功效。

9. 七彩鹿肉丝

肥嫩梅花鹿腿部的枚肉，切成丝，配以鲜笋、鲜菇等丝制成。爽滑细嫩，气香味美，有暖身壮气，滋补养颜之功效。

四、闽菜

(一) 概述

闽菜是福建菜的简称，起源于福建省闽侯县。它是以福州、泉州、厦门等地的菜肴为代表发展起来的。由于福建地处东南沿海，盛产多种海鲜，如海鳗、蛏子、鱿鱼、黄鱼、海参等，因此，多以海鲜为原料烹制各式菜肴，别具风味。闽菜的风格特色是：淡雅、鲜嫩、和醇、隽永，作为中国烹饪主要菜系之一，在中国烹饪文化宝库中占有重要一席。

闽菜长于烹饪海鲜，味道注重清鲜、酸、甜、咸、香，在宴席中最后一道菜一般都是时令青菜，取"清菜"之意。在色、香、味、形兼顾的基础上，尤以香、味见长。其清新、和醇、荤香、不腻的风味特色，在中国饮食文化中独树一帜。闽南菜除新鲜、淡爽的特色外，还以讲究用料，善用甜辣著称。最常用的作料有辣椒酱、沙茶酱、芥末酱等。其名菜有"沙茶焖鸭块"、"芥辣鸡丝"、"东璧龙珠"等均具风味。闽系菜偏咸、辣，多以山区特有的奇珍异味为原料，如"油焖石鳞"、"爆炒地猴"等，有浓郁的山乡色彩，饶有风味。

闽菜系历来以选料精细，刀工严谨，讲究火候、调汤、作料，和以味取胜而著称。其烹饪技艺，有四个鲜明的特征，一是采用细致入微的片、切、剞等刀法，使不同质地的原料，达到入味透彻的效果。故闽菜的刀工有"剞花如荔，切丝如发，片薄如纸"的美誉。如凉拌菜肴"萝卜蜇"，将薄薄的海蜇皮，每张分别切成2—3片，复切成极细的丝，再与同样粗细的萝卜丝合并烹制，凉后拌上调料上桌。此菜刀工精湛，海蜇与萝卜丝交融在一起，食之脆嫩爽口，兴味盎然。烹调方法不局限于熘、爆、炸、焖、氽，尤以炒、爆、煨等技术著称。

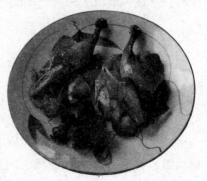

著名的菜肴有佛跳墙、醉糟鸡、酸辣烂鱿鱼、烧片糟鸡、太极明虾、清蒸加力鱼、荔枝肉等。"佛跳墙"是闽菜中最著名的古典名菜，相传始于清道光年间。百余年来，一直驰名中外，成为中国最著名的特色菜之一。"东璧龙珠"是一道取用地方特产烹制的特殊风味名菜。福建泉州名刹开元寺中有几棵龙眼树，相传已有千余年历史；树上所结龙眼，是稀有品种"东璧龙眼"，其壳薄核小，肉厚而脆，甘冽清香，有特殊风味，享誉国内外。

（二）闽菜的形成

福建位于我国东南隅，东际大海，西北负山，终年气候温和，雨量充沛，四季如春。其山区地带林木参天，翠竹遍野，溪流江河纵横交错；沿海地区海岸线漫长，浅海滩辽阔。地理条件优越，山珍海味富饶，为闽菜系提供了得天独厚的烹饪资源。这里四处盛产稻米、糖蔗、蔬菜、瓜果，尤以龙眼、荔枝、柑橘等佳果誉满中外。山林溪涧有闻名全国的茶叶、香菇、竹笋、莲子、薏仁米，以及麂、雉、鹧鸪、河鳗、石鳞等山珍美味；沿海地区则鱼、虾、螺、蚌、鲟、蚝等海产佳品丰富，常年不绝。据明代万历年间的统计资料，当时当地的海、水产品计270多种，而现代专家的统计则有750余种。清代编纂的《福建通志》中有"茶笋山木之饶遍天下"，"鱼盐蜃蛤匹富青齐"的记载。福建人民利用这些得天独厚的资源，烹制出珍馐佳肴，并逐步形成了别具一格的闽菜。

（三）闽菜的特点

1.原料以海鲜和山珍为主

由于福建的地理形势倚山傍海，北部多山，南部面海。苍茫的山区，盛产菇、笋、银耳、莲子和石鳞、河鳗、甲鱼等山珍野味；漫长的浅海滩涂，鱼、虾、蚌、鲟等海鲜佳品，常年不绝。平原丘陵地带则稻米、蔗糖、蔬菜、水果誉满中外。山海赐给的神品，给闽菜提供了丰富的原料资源，也造就了几代名厨和广大从事烹饪的劳动者，他们以擅长制作海鲜原料，并在蒸、氽、炒、煨、爆、炸等方面独具特色。

2. 调味奇异，别具一格

闽菜的烹调细腻表现在选料精细、泡发恰当、调味精确、制汤考究、火候适当等方面，在餐具上，闽菜习用大、中、小盖碗，十分细腻雅致。闽菜特别注意调味则表现在力求保持原汁原味上。善用糖，甜去腥膻；巧用醋，酸能爽口；味清淡，则可保持原味。因而有甜而不腻、酸而不峻、淡而不薄的盛名。闽菜偏甜、偏酸、偏淡，这与福建有丰富多彩的作料以及其烹饪原料多用山珍海味有关。闽菜名肴荔枝肉、甜酸竹节肉、葱烧酥鲫等均能恰到好处地体现这一特征。

3. 刀工巧妙，一切服从于味

闽菜注重刀工，有"片薄如纸，切丝如发，剞花加荔"之美称。而且一切刀均围绕着"味"下工夫，使原料通过刀工的技法，更体现出原料的本味和质地。它反对华而不实，矫揉造作，提倡原料的自然美并达到滋味沁深融透，成型自然大方、火候表里如一的效果。"雀巢香螺片"就是典型的一菜，它通过刀工处理和恰当的火候使菜肴犹如盛开的牡丹花，让人赏心悦目又脆嫩可口。

4. 汤菜居多，变化无穷

闽菜多汤由来已久，这与福建有丰富的海产资源密切相关。闽菜始终将质鲜、味纯、滋补联系在一起，而在各种烹调方法中，汤菜最能体现原汁原味，本色本味。故闽菜多汤，目的在于此。闽菜的"多汤"，是指汤菜多，而且通过精选各种辅料加以调制，使不同原料固有的膻、苦、涩、腥等味得以摒除，从而又使不同质量的菜肴，经调汤后味道各具特色，有的白如奶汁，甜润爽口；有的汤清如水，色鲜味美；有的金黄澄透，馥郁芳香；有的汤稠色酽，味厚香浓，因而有"一汤变十"之说。

（四）闽菜的派系

　　闽菜经历了中原汉族文化和当地古越族文化的混合、交流而逐渐形成。闽菜是以闽东、闽南、闽西、闽北、闽中、莆仙地方风味菜为主形成的菜系，以闽东和闽南风味为代表。

　　1. 闽东风味

　　以福州菜为代表，主要流行于闽东地区。福州菜清鲜、淡爽，偏于甜酸。讲究调汤，汤鲜、味美，多种多样，予人"百汤百味"和"糟香扑鼻"之感。调味上善用糟，有煎糟、红糟、拉糟、醉糟等多种烹调方法。闽东菜有"福州菜飘香四海，食文化千古流传"之称。选料精细，刀工严谨；讲究火候，注重调汤；喜用作料，口味多变。闽东菜的调味，偏于甜、酸、淡，喜加糖醋，如比较有名的荔枝肉、醉排骨等菜，都是酸酸甜甜的。这种饮食习惯与烹调原料多取自山珍海味有关。五大代表菜：佛跳墙、鸡汤汆海蚌、淡糟香螺片、荔枝肉、醉糟鸡。五碗代表：太极芋泥、锅边糊、肉丸、鱼丸、扁肉燕。

　　2. 闽北风味

　　以南平菜为代表，主要流行于闽北地区。闽北特产丰富，历史悠久，是个盛产美食的地方，丰富的山林资源，加上湿润的亚热带气候，为闽北盛产各种山珍提供了充足的条件。香菇、红菇、竹笋、建莲、薏米等地方特产以及野兔、野山羊、麂子、蛇等野味都是美食的上等原料。主要代表菜有八卦宴、文公菜、幔亭宴、蛇宴、茶宴、涮兔肉、熏鹅、鲤干、龙凤汤、食抓糍、冬笋炒底、菊花鱼、双钱蛋菇、茄汁鸡肉、建瓯板鸭、峡阳桂花糕等。

　　3. 闽南风味

　　以厦门菜为代表，主要流行于闽南、台湾地区，和广东菜系中的潮汕风味较近。其菜肴具有鲜醇、香嫩、清淡的特色，并且以讲究调料，善用香辣而著称，在使用沙茶、芥末以及药物、佳果等方面均有独到之处。闽南菜讲究作料，长于使用辣椒酱、沙茶酱、芥末酱等调料。闽南菜的代表有海鲜、药膳和南普陀素菜。闽南药膳最大的特色就是以海鲜制作药膳，利用本地特殊的自然条件、根据时令的变化烹制出色、香、味、形俱全的食补佳肴。

4. 闽西风味

闽西风味又称长汀风味。以龙岩菜为代表，主要流行于闽西地区，和广东菜系的客家风味较近。具有鲜润、浓香、醇厚的特色，以烹制山珍野味见长，略偏咸、油，在使用香辣方面更为突出。闽西位于粤、闽、赣三省交界处，以客家菜为主体，多以山区特有的奇味异品作原料，有浓厚山乡、多汤、清淡、滋补的特点。代表菜有薯芋类的，如绵软可口的芋子饺、芋子包、炸雪薯、煎薯饼、炸薯丸、芋子糕等；野菜类的有：白头翁汤、苎叶汤、苦斋汤、炒马齿苋、炒木槿花等；瓜豆类的有：冬瓜煲、酿苦瓜、脆黄瓜、南瓜汤、炒苦瓜、酿青椒等。

5. 闽中风味

以三明、沙县菜为代表，主要流行于闽中地区。闽中菜以其风味独特、做工精细、品种繁多和经济实惠而著称，小吃居多。其中最有名的是沙县小吃。沙县小吃共有 162 个品种，常年上市的有 47 种，形成馄饨系列、豆腐系列、烧麦系列、芋头系列、牛杂系列，其代表有烧卖、馄饨、夏茂芋饺、泥鳅粉干、鱼丸、真心豆腐丸、米冻皮与米冻糕。

6. 莆仙风味

以莆田菜为代表，主要流行于莆仙地区。莆仙菜以乡野气息为特色，主要代表有五花肉滑、炒泗粉、白切羊肉、焖豆腐、回力草炖猪脚、土笋冻、莆田（兴化）米粉、莆田（江口）卤面、酸辣鱿鱼汤。

（五）闽菜的代表菜

1. 佛跳墙

是将鸡、鸭、鱼、海参等原料用文火煮沸后装入酒坛，加入鲜汤，密封坛口，文火烘煨，等鲜汤收汁时揭开封口，再加进鸡汤及调味作料，重新密封烘煨而制成煲类菜肴。此菜集中了闽菜在选料、刀工、火候等方面的特点，味美醇厚，原料保持各自特色，荤香浓郁，荤而不腻，是一道集山珍海味之大全的传统名菜，誉满中外，被烹饪界推为闽系菜谱的"首席菜"。

2. 荔枝肉

福州传统名菜，已有二三百年历史。因色、形、味皆似荔枝而得名。瘦猪肉剞花、切块，加干淀粉拌匀，油炸为荔枝果状，将荸荠、番茄及多种调料调汁煮沸，倒入肉块，翻炒而成。色泽红润，形似荔枝，脆嫩香甜。

3. 鸡汤氽海蚌

将长乐漳港所产的海蚌即西施舌切成薄片，在沸水锅中氽至六成熟后，用绍兴酒等调料腌渍，吃时淋以烧沸的鸡汤，现淋现吃。此菜鸡汤清澈见底，蚌肉脆嫩鲜美，味道极佳，营养丰富，是福州的传统海味名菜。

4. 淡糟炒竹蛏

连江、福清海域所产的竹蛏，剥去壳，剔去肚、线、膜、脚裙等，取蛏肉洗净，佐冬笋、香菇、葱蒜、淡糟等配料，烹制而成。色泽洁白，香嫩清脆，营养价值高。

5. 沙茶焖鸭块

用清水加各种调料煮鸭至半熟后切块，用沙茶酱（闽南特有调味品）及其他调料翻炒，加入骨汤焖煮而成。色泽金黄，软嫩芳香，沙茶酱味鲜美醇厚，甜辣可口。

6. 炒西施舌

采用福建长乐漳港的特产海蚌烹制。传说春秋战国时期，越王勾践灭吴后，其妻派人偷偷将西施骗出来，用石头绑在西施身上，把她沉入海底。从此沿海泥沙中便有种类似人舌的海蚌，传说是西施的舌头，故称其为"西施舌"。福建地区很早就有人用此蚌来做美味佳肴。20世纪30年代著名作家郁达夫在闽时，曾称赞长乐西施舌是闽菜中的神品。西施舌无论氽、炒、拌、炖，都具清甜鲜美的味道，令人难忘。

7. 一品戈抱蛎

戈肉、鸭蛋、蛎肉，配香菇、虾油等，掺面粉入油煎成圆粒状。外酥里嫩，味美可口。在闽菜中位居"一品"，故名。

8. 半月沉江

原名当归面筋，素菜类。油炸熟面筋，加入香菇调料腌制，放入当归汤中温煮，再蒸，浇清汤而成。半边蘑菇沉入碗底，犹如半月沉江，故名。

五、苏菜

（一）概述

苏菜即江苏菜，由淮扬、金陵、苏锡、徐海四个地方风味组成，其影响遍及长江中下游广大地区，在国内外享有盛誉。苏菜起始于南北朝时期，唐宋以

后，成为"南食"两大台柱之一。其特点是浓中带淡，鲜香酥烂，原汁原汤，浓而不腻，口味平和，咸中带甜。苏州菜口味偏甜，配色和谐；扬州菜清淡适口，主料突出，刀工精细，醇厚入味；南京、镇江菜口味和醇，玲珑细巧，尤以鸭制的菜肴负有盛名。

苏菜烹调技艺因擅长于炖、焖、烧、煨、炒而著称。烹调时用料严谨，注重配色，讲究造型，四季有别。江苏菜风格清新雅丽，以重视火候、讲究刀工而著称，无论是工艺冷盘、花色热菜，还是瓜果雕刻或脱骨浑制，或雕镂剔透，都显示了精湛的刀工技术，著名的"镇扬三头"（扒烧整猪头、清炖蟹粉狮子头、拆烩鲢鱼头）、"苏州三鸡"（叫化鸡、西瓜童鸡、早红橘络鸡）以及"金陵三叉"（叉烤鸭、叉烤桂鱼、叉烤乳猪）都是其代表之名品。

清鲜平和、追求本味、适应性强是江苏风味的基调。无论是江河湖鲜，还是禽畜时蔬，都强调突出本味的一个"鲜"字。调味也注意变化，巧用淮盐，擅用糟、醇酒、红曲、虾籽，调和五味，但不离清鲜本色。

江苏菜式的组合亦颇有特色。除日常饮食和各类筵席讲究菜式搭配外，还有"三筵"具有独到之处。其一为船宴，见于大湖、瘦西湖、秦淮河；其二为斋席，见于镇江金山、焦山斋堂、苏州灵岩斋堂、扬州大明寺斋堂等；其三为全席，如全鱼席、全鸭席、鳝鱼席、全蟹席等等。

苏菜系的名菜众多，有烤方、水晶肴蹄、清炖蟹粉狮子头、金陵丸子、白

汁圆菜、黄泥煨鸡、清炖鸡孚、盐水鸭（金陵板鸭）、碧螺虾仁、蜜汁火方、樱桃肉、母油船鸭、烂糊、黄焖栗子鸡、莼菜银鱼汤、响油鳝糊、金香饼、鸡汤煮干丝、肉酿生麸、凤尾虾、三套鸭、无锡肉骨头、梁溪脆鳝、苏式酱肉和酱鸭、沛县狗肉等。

（二）苏菜的形成

　　江苏东临大海，西拥洪泽，南临太湖，长江横贯于中部，运河纵流于南北，境内有蛛网般的港湾，串珠似的船泊，寒暖适宜，土壤肥沃，物产丰饶，饮食资源十分丰富，素有"鱼米之乡"之称。"春有刀鲚夏有鲥，秋有肥鸭冬有蔬"，著名的水产品有鲥鱼、太湖银鱼、阳澄湖清水大闸蟹、南京龙池鲫鱼以及其他众多的海产品。优良佳蔬有太湖莼菜、淮安蒲菜、宝应藕、板栗、鸡头肉、茭白、冬笋、荸荠等。名特产品有南京湖熟鸭、南通狼山鸡、扬州鹅、高邮麻鸭、南京香肚、如皋火腿、靖江肉脯、无锡油面筋等。加之一些珍禽野味，林林总总，都为江苏菜提供了雄厚的物质基础。

　　江苏菜历史悠久，据出土文物表明，至迟在 6000 年以前，江苏先民已用陶器烹调。"菜美之者，具区之菁"，商汤时期的太湖佳蔬韭菜花已登大雅之堂。《楚辞·天问》记载了彭铿做雉羹事帝尧的传说。春秋战国时期，江苏已有了全鱼炙、露鸡、吴羹和讲究刀工的鱼脍等。据《清异录》记载，扬州的缕子脍、建康七妙、苏州玲珑牡丹鲊等，有"东南佳味"之美誉，说明江苏菜在两宋时期已达到较高水平。宋代以来，苏菜的口味有较大的变化。原来南方菜咸而北方菜甜，江南进贡到长安、洛阳的鱼蟹要加糖加蜜。宋室南渡杭城，中原大批士大夫南下，带来了中原风味的影响。苏、锡今日的嗜甜，由此而滥觞。至清代，江苏菜得到进一步发展，据《清稗类钞·各省特色之肴馔》一节载："肴馔之各有特色者，如京师、山东、四川、广东、福建、江宁、苏州、镇江、扬州、淮安。"所

列十地，江苏占其五，足见其影响之广。

（三）苏菜的特点

1. 用料以水鲜为主

选料严谨，强调本味，突出主料，色调淡雅，造型新颖，咸甜适中，故适应面较广。其中南京菜以烹制鸭菜著称，

镇、扬菜以烹鸡肴及江鲜见长；其细点以发酵面点、烫面点和油酥面点取胜。

2. 烹调方法多样

刀工精细，注重火候，擅长炖、焖、煨、焐。

3. 菜品风格雅丽，追求本味

其菜肴注重造型，讲究美观，形质均美，色调绚丽，清鲜平和，白汁清炖独具一格，兼有糟鲜红曲之味，食有奇香，口味上偏甜，无锡尤甚。浓而不腻，淡而不薄，酥烂脱骨不失其形，滑嫩爽脆不失其味。

（四）苏菜的派系

苏菜由徐海、淮扬、南京和苏南四种风味组成，是宫廷第二大菜系。

1. 淮扬风味

以扬州、淮安为中心，肴馔以清淡见长，主要流行于以大运河为主，南至镇江，北至洪泽湖、淮河一带，东至沿海地区。和山东菜系的孔府风味并称为"国菜"。

淮扬菜选料严谨，讲究鲜活，主料突出，刀工精细，擅长炖、焖、烧、烤，重视调汤，讲究原汁原味，并精于造型，瓜果雕刻栩栩如生。口味咸淡适中，南北咸宜，并可烹制"全鳝席"。淮扬细点，造型美观，口味繁多，制作精巧，清新味美，四季有别。著名菜肴有清炖蟹粉狮子头、大煮干丝、三套鸭、水晶

肴肉等。

2. 徐海风味

以徐州菜为代表，流行于徐海和河南地区，和山东菜系的孔府风味较近，曾属于鲁菜口味。徐海菜以鲜咸为主，五味兼蓄，风格淳朴，注重实惠，名菜别具一格。

徐海菜鲜咸适度，习尚五辛、五味兼崇，清而不淡、浓而不浊。其菜无论取料于何物，均留意"食疗、食补"作用。另外，徐州菜多用大蟹和狗肉，尤其是全狗席甚为著名。徐海风味菜代表有：霸王别姬、沛公狗肉、彭城鱼丸等。

3. 金陵风味

以南京菜为代表，主要流行于南京和安徽地区，以滋味平和、醇正适口为特色，兼取四方之美，适应八方之需。

金陵菜烹调擅长炖、焖、叉、烤。特别讲究七滋七味，即酸、甜、苦、辣、咸、香、臭；鲜、烂、酥、嫩、脆、浓、肥。南京菜以善制鸭馔而出名，素有"金陵鸭馔甲天下"的美誉。金陵菜的代表有盐水鸭、鸭汤、鸭肠、鸭肝、鸭血、豆腐果（北方人叫豆泡）和香菜（南京人叫元荽）。

4. 苏锡风味

以苏州菜为代表，主要流行于苏锡常和上海地区，和浙菜、安徽菜系中的皖南、沿江风味相近。苏锡风味中的上海菜受浙江的影响比较大，现在有成为新菜系沪菜的趋势。苏锡菜原重视甜出头、咸收口，浓油赤酱，近代已向清新雅丽方向发展，甜味减轻，鲜咸清淡。

苏锡风味擅长炖、焖、煨、焐，注重保持原汁原味，花色精细，时令时鲜，甜咸适中，酥烂可口，清新腴美。近年来又烹制"无锡乾隆江南宴"、"无锡西施宴"、"苏州菜肴宴"和太湖船菜。苏州在民间拥有"天下第一食府"的美誉。苏南名菜有香菇炖鸡、咕咾肉、松鼠鳜鱼、巴肺汤、碧螺虾仁、响油鳝糊、白汁圆菜、西瓜鸡、鸡油菜心、糖醋排骨、太湖银鱼、阳澄湖大闸蟹。

（五）苏菜的代表菜

1. 烤方

又名叉烧方肉。将猪肉切长方块，上铁叉经 4 次烘烤、3 次刮皮而成。烤制过程中不加调料，成品外皮松脆内香烂，上桌时改刀成片，佐以甜酱花椒盐葱白段用空心馎馎夹食。

2. 三套鸭

扬州传统名菜，清代《调鼎集》曾记载套鸭制作方法，为"肥家鸭去骨，板鸭亦去骨，填入家鸭肚内，蒸极烂，整供"。后来扬州的厨师又将湖鸭、野鸭、菜鸽三禽相套，用宜兴产的紫砂烧锅，小火宽汤炖焖而成。家鸭肥嫩，野鸭香酥，菜鸽细鲜，风味独特。

3. 狮子头

相传始于隋朝。隋炀帝到扬州观琼花后，对扬州的万松山、金钱墩、象牙林、葵花岗四大名景十分留恋。回到行宫命御厨以上述四景为题，制作四道佳肴，即松鼠鳜鱼、金钱虾饼、象牙鸡条、葵花献肉。皇帝赞赏不已，赐宴群臣。从此，这些菜传遍大江南北。到了唐朝，郇国公府中名厨受"葵花献肉"的启示，将巨大的肉圆制成葵花状，造型别致，犹如雄狮之头，可红烧，也可清炖；清炖较嫩，加入蟹粉后成为"清炖蟹粉狮子头"，盛行于镇扬地区。

4. 金陵盐水鸭

南京名菜，当地盛行以鸭制肴，曾有"金陵鸭馔甲天下"之说。明朝建都金陵后，先是出现金陵烤鸭，接着就是金陵盐水鸭。此菜用当年八月中秋时的"桂花鸭"为原料，用热盐、清卤水复腌后，取出挂阴凉处吹干，食用时在水中煮熟，皮白肉红，香味足，鲜嫩味美，风味独特，同明末出现的"板鸭"齐名，畅销大江南北。另有"炖菜核"，相传是清代有位钦差大臣住南京万竹园，天天吃青菜而不厌；炖菜核是由矮脚黄菜心炖制而成。

中华饮食

5. 梁溪脆鳝

始创于太平天国年间，因无锡古称梁溪故名。将活鳝鱼沸水氽烫，去骨经两次油炸至肉酥脆，投入滚沸浓稠的卤汁锅中，迅速颠动，待卤汁被充分吸收后，上缀嫩姜丝而食。鳝色酱褐，乌光油亮，盘旋曲折，若虬枝老，干食之松脆酥爽，甜中带咸。

6.扬州煮干丝

同乾隆皇帝下江南有关。乾隆六下江南，扬州地方官员聘请名厨为皇帝烹制佳肴，其中有一道"九丝汤"，是用豆腐干丝加火腿丝，在鸡汤中烩制，味极鲜美。特别是干丝切得细，味道渗透较好，吸入各种鲜味，名传天下，遂更名"煮干丝"。与鸡丝、火腿丝同煮叫鸡火干丝，加开洋为开洋干丝，加虾仁则为虾仁干丝。

7.霸王别姬

甲鱼去壳，酿入鸡脯茸，再将壳覆盖其上，另取母鸡抽出翅尖，略加整形，甲鱼与鸡反向置沙锅中，加鸡汤调料蒸至酥烂，配熟火腿片、冬菇等辅料，续蒸而成。此菜以甲鱼母鸡分喻霸王虞姬二者，相背喻为相别，汤鲜味醇，营养丰富。

六、浙菜

（一）概述

中国著名的八大菜系之一，品种丰富，以杭州、宁波、绍兴、温州等地的菜肴为代表发展形成，在中国众多的地方风味中占有重要的地位。菜式讲究小巧精致，菜品鲜美、滑嫩、脆软清爽。在选料上追求"细、特、鲜、嫩"。浙菜选料精细，取用物料之精华，达高雅上乘之境。菜品皆具地方特色。讲求鲜活，保持菜肴味之纯真，凡海味河鲜，须鲜活腴美。浙菜善于综合运用多种刀法、配色、成熟、装盘等烹饪技艺和美学原理，把精与美，强与巧有机结合，许多菜不但味美，而且通过精美的造型、别致的器皿，引人入胜的故事典故，构成内在的含蓄美。

浙江盛产鱼虾，又是著名的风景旅游胜地，湖山清秀，山光水色，淡雅宜人，故其菜如景，不少名菜，来自民间，制作精细，变化较多。浙菜的历史也相当悠久。京师人南下开饭店，用北方的烹调方法将南方丰富的原料做得美味可口，"南料北烹"成为浙菜系一大特色。如过去南方人口味并不偏甜，北方人南下后，影响了南方人口味，菜中也放糖了。汴京名菜"糖醋黄河鲤鱼"到临安后，烹成浙江名菜"西湖醋鱼"。

在口味上，浙菜的特点是清、香、脆、嫩、爽、鲜，既不像粤菜那么清淡，也不像川菜那么浓重，而是介于两者之间，采双方之长。注重口味纯真，烹调时多以四季鲜笋、火腿、冬菇和绿叶时菜等清鲜芳香之物辅佐，同时讲究以绍酒、葱、姜、糖、醋调味，借以去腥、解腻、吊鲜、起香。如东坡肉用绍酒代水焖制，醇香甘美。清汤越鸡则衬以火腿、嫩笋、冬菇清蒸，原汁原汤，馥香四溢。雪菜大汤黄鱼以雪里红咸菜、竹笋配伍，汤料芳香浓郁。

浙菜擅长于炒、炸、烩、熘、蒸、烧等烹调技法，炒菜以滑炒见长，力求快速烹制；炸菜外松里嫩，恰到好处；烩菜滑嫩醇鲜，羹汤风味独特；熘菜脆嫩滋润，卤汁馨香；蒸菜讲究火候，注重配料，主料多，需鲜嫩腴美，烧菜柔软入味，浓香适口。这些烹调方法大都保持主料的本色与真味，适合江浙人喜欢清淡鲜嫩的饮食习惯，在某些方面也受北方菜系的影响，为北方人所接受。无怪乎宋代大诗人苏东坡盛赞："天下酒宴之盛，未有如杭城也。"

久负盛名的菜肴有西湖醋鱼、宋嫂鱼羹、东坡肉、龙井虾仁、干炸响铃、奉化芋头、蜜汁火方、叫化童鸡、兰花春笋、清汤鱼圆、清汤越鸡、宁式鳝丝、三丝敲鱼、虾子面筋、爆墨鱼卷、元江鲈莼羹等。

（二）浙菜的形成

浙江位于东海之滨，有千里长的海岸线，盛产海味，有经济鱼类和贝壳水产品五百余种，总产值居全国之首，物产丰富，佳肴自美，特色独具，有口皆碑。浙北是"杭、嘉、湖"大平原，河道港叉遍布，著名的太湖南临湖州，淡水鱼名贵品种，如鳜鱼、鲫鱼、青虾、湖蟹等以及四大家鱼产量极盛。又是大米与蚕桑的主要产地，素有"鱼米之乡"的称号。西南为丛山峻岭，山珍野味历来有名，像庆元的香菇、景宁的黑木耳。中部为浙江盆地，即金华大粮仓，闻名中外的金华火腿就是选用全国瘦肉型名猪之一的"金华两头乌"制成的。加上举世闻名的杭州龙井茶叶、绍兴老酒，都是烹饪中不可缺少的上乘原料。

浙菜的历史，可上溯到吴越春秋，浙菜的烹饪原料在距今四五千年前已相当丰富。南宋建都杭州，北方大批名厨云集杭城，使杭菜和浙江菜系从萌芽状态进入发展状态，浙菜从此立于全国菜系之列。距今八百多年的南宋名菜蟹酿橙、鳖蒸羊、东坡脯、南炒鳝、群仙羹、两色腰子等，至今仍是高档筵席上的名菜。民国后，杭菜首先推出了龙井虾仁等新菜，在发掘传统菜的基础上，大胆创新不断发展。

中国八大菜系

（三）浙菜的特点

1. 选料刻求细、特、鲜、嫩

原料讲究品种和季节时令，以充分体现原料质地的柔嫩与爽脆。细，取用物料的精华部分，使菜品达到高雅上乘。特，选用特产，使菜品具有明显的地方特色。鲜，料讲鲜活，使菜品保持味道纯真。嫩，时鲜为尚，使菜品食之清鲜爽脆。

2. 烹制独到

浙菜以烹调技法丰富多彩闻名于国内外，其中以炒、炸、烩、熘、蒸、烧六类为擅长。浙江烹鱼，大都过水，约有三分之二是用水作传热体烹制的，突出鱼的鲜嫩，保持本味。在调味上，浙菜善用料酒、葱、姜、糖、醋等。如著名的"西湖醋鱼"，系活鱼现杀，经沸水余熟，软熘而成，不加任何油腥，滑嫩鲜美，众口交赞。

3. 口味上以清鲜脆嫩为特色

浙菜力求保持主料的本色和真味，多以四季鲜笋、火腿、冬菇和绿叶菜为辅佐，同时十分讲究以绍酒、葱、姜、醋、糖调味，借以去腥、解腻、吊鲜、起香。例如，浙江名菜"东坡肉"以绍酒代水烹制，醇香甘美。由于浙江物产丰富，因此在菜名配制时多以四季鲜笋、火腿、冬菇、蘑菇和绿叶时菜等清香之物相辅佐。原料的合理搭配所产生的美味非用调味品所能及。在海鲜河鲜的烹制上，浙菜以增鲜之味和辅料来进行烹制，以突出原料之本。

4. 形态讲究精巧细腻，清秀雅丽

此风格可溯至南宋，《梦粱录》曰："杭城风俗，凡百货卖饮食之人，多是装饰车盖担儿；盘食器皿，清洁精巧，以炫耀人耳目"，浙菜许多菜肴，以风景名胜命名，造型优美。此外，许多菜肴都富有美丽的传说，文化色彩浓郁是浙江菜一大特色。

中华饮食

（四）浙菜的派系

浙菜分别由杭州菜、宁波菜、绍兴菜、温州菜四大流派组成，如果以诗歌作比，杭州菜如柳永的诗，温婉隽永；宁波菜则如白居易的诗，明白晓畅；绍兴菜最神似陶渊明的诗，朴素自然；温州菜则如李白的诗，清新飘逸。

1. 杭州菜

历史悠久，自南宋迁都临安（今杭州）后，商市繁荣，各地食店相继进入临安，菜馆、食店众多，而且效仿京师。据南宋《梦粱录》记载，当时"杭城食店，多是效学京师人，开张亦御厨体式，贵官家品件"。杭州菜制作精细，品种多样，清鲜爽脆，淡雅典丽，是浙菜的主流。名菜如西湖醋鱼、东坡肉、龙井虾仁、油焖春笋、排南、西湖药菜汤等，集中反映了"杭菜"的风味特点。

2. 温州菜

温州古称"瓯"，地处浙南沿海，当地的语言、风俗和饮食方面，都自成一体，别具一格，素以"东瓯名镇"著称。瓯菜则以海鲜入馔为主，口味清鲜，淡而不薄，烹调讲究"二轻一重"，即轻油、轻芡、重刀工。代表名菜有：三丝敲鱼、双味蝤蛑、橘络鱼脑、蒜子鱼皮、爆墨鱼花等。

3. 绍兴菜

擅长烹制河鲜家禽，崇尚清雅，表现朴实无华，并具有平中见奇，以土求新的风格特色。代表名菜有绍虾球、干菜焖肉、清汤越鸡、白鲞扣鸡等。

4. 宁波菜

鲜咸合一，以蒸、烤、炖为主，以烹制海鲜见长，讲究鲜嫩软滑，注重保持原汁原味，主要代表菜有雪菜大汤黄鱼、奉化摇蚶、宁式鳝丝、苔菜拖黄鱼等。

（五）浙菜的代表菜

1. 东坡肉

猪五花肋肉，以绍兴名酒代水，文火烧焖而成。

肉润色红，汁浓味醇，酥而不碎，绵糯不腻。源出北宋诗人苏东坡："慢著火，少著水，火候足时它自美。"已有千年制作历史。

2. 西湖醋鱼

西湖鲩鱼草鱼经沸水氽，然后调入糖汁，鱼身完整，鱼眼圆睁，胸鳍挺竖，鱼体保持鲜活状态，鱼肉不生不老，带蟹肉滋味。

3. 宋嫂鱼羹

西湖鳜鱼又称桂鱼或鲫花鱼。加调料蒸熟，拨醉鱼肉，剔除皮骨，于原汁

卤中放火腿笋丝、香菇丝、蛋黄鸡汤、调料等烹调而成。色泽黄亮，鲜嫩滑润，味似蟹羹。已有八百余年制作历史。

4. 叫化童鸡

萧山鸡腹内填满猪腿肉、川冬菜及调料，用猪网油、荷叶箬壳等分层包扎，再用泥包裹，使成密封状态，放文火中煨烤而成。即席敲开干泥后食用。

5. 百鸟朝凤

取萧山鸡，用沙锅文火炖酥，另取 20 只鲜肉水饺，用鸡原汁汤煮熟作配盖，取鸡作凤，水饺象征百鸟，水饺皮薄馅多，油润滑口，其味特鲜，旧时称鸡馄饨，创始于明代以前。

6. 干炸响铃

因其形似马铃而得名。用豆腐皮将里脊肉等作料卷成长条，切为小段，放热油中炸成。其皮层酥脆略带豆香。蘸以甜面酱或花椒盐拌葱白屑，香甜可口。

7. 生爆鳝片

黄鳝经挂糊上浆，两次油爆，浇以蒜泥、糖醋汁而成。鳝片外脆里嫩，清香四溢，酸甜爽口。始自南宋，流传至今。

8. 芙蓉肉

猪肉、板油配以鲜虾，用酒酿汁烹调，麻油淋浇，再用姜丝作花芯，火腿片作花瓣，四周镶以青菜芯。成菜形似含露芙蓉，肉质清鲜嫩滑，香甜味醇。

9. 金玉满堂

由十种名贵热盆菜组成，如：龙凤虾、桂花条鱼、五香炸鸡、椒盐排条、

中华饮食

金钱虾饼、蛋黄烧卖、皮包火腿、高丽蟹黄等。成菜丰盛饱满，香鲜嫩美，为冬令下酒的热盆集锦。

10. 冰糖甲鱼

甲鱼小火焖酥，加大蒜油爆，然后配冰糖、竹笋及调味品，放原汁中略焖，勾厚芡，浇亮油而成。汁浓、油重、芡厚、油亮，鱼肉绵糯润口，香甜酸咸，滋味多样。

11. 绍虾球

又名蓑衣虾球。油炸蛋糊拉成蛋松丝，紧裹虾球而成。已有百余年制作历史。

12. 绍十景

菜中有鱼圆、肉圆各八颗，与虾仁、鱼肚、竹笋、香菇、鸡肫等十余种配料烹调而成。色形美观，丰富多彩，滋味多样。

七、湘菜

（一）概述

湘菜即湖南菜，其特点是用料广泛，油重色浓，多以辣椒、熏腊为原料，口味注重香鲜、酸辣、软嫩，讲究菜肴内涵的精当和外形的美观，重视原料搭

配，滋味互相渗透。湖南省位于中南地区，长江中游南岸，自然条件优厚，利于农、牧、副、渔的发展，故物产特别富饶，为湘菜发展提供了前提条件。

湘菜由湘江流域、洞庭湖地区和湘西山区等地方菜发展而成。湘江流域的菜以长沙、衡阳、湘潭为中心，是湖南菜的主要代表，其特色是油多、色浓，讲究实惠；湘西菜擅长香酸辣，具有浓郁的山乡风味；洞庭湖区菜以常德、岳阳两地为主，以烹制河鲜见长。

湘菜历史悠久，早在汉朝就已经形成菜系，烹调技艺已有相当高的水平。在长沙市郊马王堆出土的西汉墓中，不仅发现有鱼、猪、牛等遗骨，而且还有酱、醋以及腌制的果菜遗物。湘菜早在西汉初期就有羹、炙、脍、濯、熬、腊、濡、脯、菹等多种技艺，现在擅长腊、熏、煨、蒸、炖、炸、炒等烹调方法，技艺更精湛的则是煨。

统观全貌，湘菜刀工精细，形味兼美，调味多变，酸辣著称，讲究原汁，技法多样。湘菜代表菜有麻辣子鸡、辣味合蒸、东安子鸡、洞庭野鸭、剁椒鱼头、酱汁肘子、冰糖湘莲、荷叶软蒸鱼、红煨鱼翅、油辣冬笋尖、湘西酸肉、红烧全狗、菊花鱿鱼、金钱鱼等。

(二) 湘菜的形成

湖南地处长江中游南部，气候温和，雨量充沛，土质肥沃，湘、资、沅、澧四水流经该省，自然条件优越，物产丰富。《史记》中曾记载，楚地"地势饶食，无饥馑之患"。长期以来，"湖广熟，天下足"的谚语，更是广为流传。湘西多山，盛产笋、蕈和山珍野味；湘东南为丘陵和盆地，农牧副渔发达；湘北是著名的洞庭湖平原，素称"鱼米之乡"。优越的自然条件和富饶的物产，为千姿百态的湘菜在选料方面提供了源源不断的物质条件，著名特产有武陵甲鱼、君山银针、祁阳笔鱼、洞庭金龟、桃源鸡、临武鸭、武冈鹅、湘莲、银鱼等。

湘菜源远流长，根深叶茂，在几千年的悠悠岁月中，经过历代的演变与进化，逐步发展成为颇负盛名的地方菜系。早在战国时期，伟大的爱国诗人屈原在其著名诗篇《招魂》中，就记载了当地的许多菜肴。西汉时期，湖南的菜肴品种就达 109 个，烹调方法也有九大类，这从长沙马王堆汉墓出土的文物中可以得到印证。南宋以后，湘菜自成体系已初见端倪，形成了一套以炖、焖、煨、烧、炒、熘、煎、熏、腊等烹饪技术，一些菜肴和烹艺由官府衙门盛行，并逐渐步入民间。六朝以后，湖南的饮食文化丰富活跃。明清两代，是湘菜发展的黄金时期，湘菜的独特风格基本定局。

(三) 湘菜的特点

1.选料广泛

举凡空中的飞禽，地上的走兽，水中的游鱼，山间的野味，都是湘菜的上好原料。至于各类瓜果、时令蔬菜和各地的土特产，更是取之不尽、用之不竭的饮食资源。

2.品味丰富

湘菜之所以能自立于国内烹坛之林，独树一帜，是与其丰富的品种和味别不可分的。据统计，湖南现有不同品味的地方菜和风味名菜达八百多个。它品种繁多，门类齐全。就菜式而言，既有乡土风味的民间菜式，经济方便的大众菜式，也有讲究实惠的筵席菜式，格调高雅的宴会菜式，还有味道随意的家常菜式和疗疾健身的药膳菜式。

3. 刀工精细，形态俊美

湘菜的基本刀法有 16 种之多，厨师们在长期的实践中，手法娴熟，因料而异，具体运用，演化掺合，切批斩剁，游刃有余。使菜肴千姿百态、变化无穷。整鸡剥皮，盛水不漏，瓜盅"载宝"，形态逼真，常令人击掌叫绝，叹为观止。善于精雕细刻，神形兼备，栩栩如生。情趣高雅，意境深远，给人以文化的熏陶，艺术的享受。

4. 以酸辣著称

湘菜历来重视原料互相搭配，调味上讲究原料的入味，调味工艺随原料质地而异，滋味互相渗透，交汇融合，以达到去除异味、增加美味、丰富口味的目的。因地理位置的关系，湖南气候温和湿润，湘菜口味上以酸辣著称，以辣为主，酸寓其中，开胃爽口，深受青睐，成为独具特色的地方饮食习俗。

5. 技法多样，尤重煨

因重浓郁口味，所以煨居多，其他烹调方法如炒、炸、蒸、腊等也为湖南菜所常用。相对而言，湘菜的煨功夫更胜一筹，几乎达到炉火纯青的地步。煨，在色泽变化上可分为红煨、白煨，在调味方面有清汤煨、浓汤煨和奶汤煨。许多煨出来的菜肴，成为湘菜中的名馔佳品。

（四）湘菜的派系

湖南菜有着多元结构。由于受地区物产、民风习俗和自然条件等诸多因素的影响，湘菜逐步形成了以湘江流域、洞庭湖区和湘西山区为基调的三种地方风味。三种地方风味，虽各具特色，但相互依存，彼此交流，构成湘菜多姿多彩的格局。

中华饮食

湘江流域菜以长沙、衡阳、湘潭为中心，其中以长沙为主，讲究菜肴内涵的精当和外形的美观，色、香、味、器、质和谐的统一，因而成为湘菜的主流。它制作精细，用料广泛，口味多变，品种繁多。其特点是油重色浓，讲求实惠，在品味上注重酸辣、香鲜、软嫩。在制法上以煨、炖、腊、蒸、炒诸法见称。煨、炖讲究微火烹调，煨则味透汁浓；炖则汤清如镜；腊味制法包括烟熏、卤制、叉烧，著名的湖南腊肉系烟熏制品，既作冷盘，又可热炒，或用优质原汤蒸；炒则突出鲜、嫩、香、辣，市井皆知。著名代表菜有：海参盆蒸、腊味合蒸、走油豆豉扣肉、麻辣子鸡等。

洞庭湖区菜以常德、岳阳两地为主，以烹制河鲜、家禽见长，多用炖、烧、腊的制法，其特点是芡大油厚，咸辣香软。炖菜常用火锅上桌，民间则用蒸钵置泥炉上炖煮，俗称蒸钵炉子。往往是边煮边吃边下料，滚热鲜嫩，津津有味，当地有"不愿进朝当驸马，只要蒸钵炉子咕咕嘎"的民谣，充分说明炖菜广为人民喜爱。代表菜有洞庭金龟、蝴蝶飘海、冰糖湘莲等。

湘西地区菜则由湘西、湘北的民族风味菜组成，以烹制山珍野味见长。擅长制作山珍野味、烟熏腊肉和各种腌肉，口味侧重咸香酸辣，常以柴炭作燃料，有浓厚的山乡风味。代表菜有红烧寒菌、板栗烧菜心、湘西酸肉、炒血鸭等。

（五）湘菜的代表菜

1. 祖庵鱼翅

又名细煨鱼翅，始于清代光绪年间，是湖南传统名菜之一。据传，此菜为清光绪进士、湖南督军谭延闿（字祖庵）的家厨曹敬臣所创。他将红煨鱼翅的方法改为鸡肉、猪肘肉与鱼翅同煨，使原料中的蛋白质、脂肪及无机盐等营养素在煨制过程中缓慢透入鱼翅，融为一体，从而改变鱼翅所含不完全蛋白质的状况，弥补了以往汤味鲜但鱼翅味差的不足。

2. 花菇无黄蛋

长沙的传统名菜，早在 20 世纪 30 年代即闻名遐迩。花菇无黄蛋制作的关键在于掌握火

候，既要蒸熟，又不能让蛋清流出，破坏造型。蔡海云制作的无黄蛋，蛋面光滑不破，质地异常鲜嫩。顾客吃到这种没有蛋黄的鸡蛋，往往惊叹不已。

3. 东安子鸡

当地小种子鸡煮至半熟，切成长条，油锅煸炒而成。质地细嫩，酸、辣、鲜、香。

4. 红烧全狗

以全狗肉切成块，煸后盛入特制瓦罐内，小炭火煨至软烂。色泽红亮，香醇盈口。为冬令佳肴。

5. 翠竹粉蒸鱼

以洞庭湖特产鱼，佐以米粉，密封于翠竹筒内蒸熟。成品风格别致，筒盖揭开，香气扑鼻，米粉油润，鱼肉洁白，细嫩鲜软。

6. 发丝百叶

取牛肚内壁中的皱褶部位，称百叶，煮熟，切细丝如发，熘炒而成。色白脆嫩，香辣爽口。

7. 全家福

全家福是家宴的传统头道菜，以示合家欢乐、幸福美满。全家福的用料比较简易，一般主料为：油炸肉丸、蛋肉卷、水发炸肉皮、净冬笋、水发豆笋、水发木耳、素肉片、熟肚片、碱发墨鱼片、鸡肫、鸡肝等。辅料为：精盐、味精、胡椒粉、葱段、酱油、水茨粉、鲜肉汤等。

8. 子龙脱袍

是一道以鳝鱼为主料的传统湘菜。因其鳝鱼在制作过程中需经破鱼、剔骨、去头、脱皮等工序，特别是鳝鱼脱皮，形似古代武将脱袍，故将此菜取名为子龙脱袍。子龙脱袍不仅制法独特，且菜名别致新奇，耐人寻味，一直吸引着不少名士。如齐白石、吴晗、田汉等曾光顾曲园，品尝此菜。

八、徽菜

(一) 概述

徽菜又称"徽帮"、"安徽风味"，是中国著名的八大菜系之一。徽菜源于南宋时期的古徽州（今安徽歙县一带），原是徽州山区的地方风味。由于徽商的崛起，这种地方风味逐渐进入市肆，流传于苏、浙、赣、闽、沪、鄂以至长江中下游区域，具有广泛的影响。徽菜具有浓郁的地方特色和深厚的文化底蕴，是中华饮食文化宝库中一颗璀璨的明珠。

徽菜以皖南、沿江和沿淮三种地方风味构成，以皖南菜为代表。沿江菜以芜湖、安庆的地方菜为代表，以后传到合肥地区，以烹调河鲜、家禽见长。沿淮菜以蚌埠、宿县、阜阳等地方风味菜肴构成。皖南菜起源于黄山麓下的歙县，即古代的徽州。后因新安江畔的屯溪小镇商业兴旺，饮食业发达，徽菜的重点逐渐转移到屯溪，在这里得到进一步发展。

徽菜的总体风格是清雅淳朴、原汁原味、酥嫩香鲜、浓淡适宜，选料严谨、火工独到、讲究食补、注重本味、菜式多样、南北咸宜。徽菜擅长烧、炖、蒸，而少爆炒，烹饪荚大、油重、色浓、朴素实惠，以烹制山野海味而闻名，早在南宋时，"沙地马蹄鳖，雪中牛尾狐"，已成为当时著名菜肴。

徽菜的烹饪技法，包括刀工、火候和操作技术，三个因素互为补充，相得益彰。徽菜之重火工是历来的优良传统，其独到之处集中体现在擅长烧、炖、熏、蒸类的功夫菜上。不同菜肴使用不同的控火技术是徽帮厨师造诣深浅的重要标志，也是徽菜能形成酥、嫩、香、鲜独特风格的基本手段，徽菜常用的烹饪技法约有二十大类五十余种，其中最能体现徽式特色的是滑烧、清炖和生熏法。

徽菜的传统品种多达千种以上，代表菜品有

红烧果子狸、红烧头尾、火腿炖甲鱼、黄山炖鸽、雪冬烧山鸡、毛峰熏鲥鱼、符离集烧鸡、蜂窝豆腐、奶汁肥王鱼、无为熏鸭等。其中"火腿炖甲鱼"又名"清炖马蹄鳖",是徽菜中最古老的传统名菜。采用当地最著名的特产"沙地马蹄鳖"炖成。相传南宋时,上至高宗,下至地方百官都品尝过此菜。明清时一些著名诗人、居士都曾慕名前往徽州品尝"马蹄鳖"之美味,因而享誉全国,成为安徽特有的传统名菜。

(二) 徽菜的形成

安徽位于华东腹地,举世闻名的黄山和九华山蜿蜒于江南大地,雄奇的大别山和秀丽的天柱山绵亘于皖西边沿,成为安徽境内的两大天然屏障。长江、淮河自西向东横贯境内,把全省分为江南、淮北和江淮之间三个自然区域。江南山区,奇峰叠翠,山峦连接,盛产茶叶,有竹笋、香菇、木耳、板栗、枇杷、雪梨、香榧、琥珀枣,以及石鸡、甲鱼、鹰龟、桃花鳜、果子狸等山珍野味。淮北平原,沃土千里,良田万顷,盛产粮食、油料、蔬果、禽畜,是著名的鱼米之乡,这里鸡鸭成群,猪羊满圈,蔬菜时鲜,果香迷人,特别是砀山酥梨、萧县葡萄、太和椿芽,早已蜚声国内外。沿江、沿淮和巢湖一带,是我国淡水鱼重要产区之一,万顷碧波为徽菜提供了丰富的水产资源。其中名贵的长江鲥鱼、巢湖银鱼、淮河回王鱼、泾县琴鱼、三河螃蟹等,都是久负盛名的席上珍品。这些给徽菜的形成和发展提供了良好的物质基础。

徽菜的形成、发展与徽商的兴起、发迹关系密切。徽商史称"新安大贾",起于东晋,唐宋时期日渐发达,明代晚期至清乾隆末期是徽商的黄金时代。其时,徽州营商人数之多,活动范围之广,资本之雄厚,皆居当时商团之前列。徽商富甲天下,生活奢靡,而又偏爱家乡风味,其饮馔之丰盛,筵席之豪华,对徽菜的发展起了推波助澜的作用,可以说哪里有徽商哪里就有徽菜馆。明清时期,徽商在扬州、上海、武汉盛极一时,上海的徽菜馆一度曾达五百余家,足见其涉及面之广,影响力之大。在漫长的岁月里,经过历代名厨的辛勤创造、兼收并蓄，如今已集中了安徽各地的风味特邑、名馔佳肴，逐步形成了一个雅俗共赏、南北咸宜、独具一格、自成一体的著名菜系。

（三）徽菜的特点

1. 原料立足于新鲜活嫩

就地取材，选料严谨，四季有别，充分发挥安徽盛产山珍野味的优势，选料时如笋非政山不用，鸡非当年仔鸡不取，鳖必用马蹄大为贵，鱼以色白鲜活为宜。

2. 巧妙用火，功夫独特

重色、重油、重火工，火工独到之处在于烧、炖、蒸，有的先炸后蒸，有的先炖后炸，还有的熏中淋水、火烧涂料、中途焖火等，使菜肴味更为鲜美，如徽烧鱼用旺火急烧，肉嫩味美，五分钟菜堪称一绝。使用不同控火技术，是徽菜形成酥、香、鲜独特风格的基本手段。

3. 擅长烧、炖，浓淡适宜

烹调技法，徽菜以烧、炖、熏、蒸而闻名，制作的菜肴各具特色。烧，讲究软糯可口，余味隽永；炖，要求汤醇味鲜，熟透酥嫩；熏，重在色泽鲜艳，芳香馥郁；蒸，做到原汁原味，爽口宜人，一菜一味。

4. 讲究食补，药食并重

以食补疗，以食养身，在保持风味特色的同时，十分注意菜肴的滋补营养价值，其烹调技法多用于烧、炖，使成菜达到软糯可口，熟透酥嫩，徽菜常用整鸡、整鳖煮汁熬汤，用山药炖鸡等。

（四）徽菜的派系

徽菜是由皖南、沿江和沿淮三种地方风味所构成。

1. 皖南风味

以徽州地方菜肴为代表，它是徽菜的主流和渊源，向以烹制山珍海味而著称，喜用火腿

佐味，以冰糖提鲜，擅长炖、烧，讲究火工。芡大油重，朴素实惠，善于保持原汁原味。不少菜肴都是用木炭火单炖，原锅上桌，不仅香气四溢，诱人食欲，而且体现了徽味古朴典雅的风格。其代表菜有：清炖马蹄鳖、黄山炖鸽、腌鲜鳜鱼、红烧果子狸、徽州毛豆腐、徽州桃脂烧肉等。

2.沿江风味

盛行于芜湖、安庆及巢湖地区，它以烹调河鲜、家禽见长，讲究刀工，注意形色，善于用糖调味，擅长红烧、清蒸和烟熏技艺，其菜肴具有酥嫩、鲜醇、清爽、浓香的特色。代表菜有清香沙焐鸡、生熏仔鸡、八大锤、毛峰熏鲥鱼、火烘鱼、蟹黄虾盅等。"菜花甲鱼菊花蟹，刀鱼过后鲥鱼来，春笋蚕豆荷花藕，八月桂花鹅鸭肥"，鲜明地体现了沿江人民的食俗情趣。

3.沿淮风味

主要盛行于蚌埠、宿县、阜阳等地。其风味特色是：质朴、酥脆、咸鲜、爽口，一般咸中带辣，汤汁口重色浓。在烹调上长于烧、炸、熘等技法，善用芫荽、辣椒配色佐味。代表菜有：奶汁肥王鱼、香炸琵琶虾、鱼咬羊、老蚌怀珠、朱洪武豆腐、焦炸羊肉等，都较好地反映了这一地区的风味特色。

（五）徽菜的代表菜

1.石耳炖鸡

母鸡、黄山石耳、火腿骨及调料用旺火烧开，微火细炖，至鸡肉酥烂而成。汤清香醇，鸡肉味美。

2.红烧划水

青鱼尾划成条块，热油滚后，加鸡汤、调料，以旺火急烧而成。色泽酱红，皮肉软嫩，香浓味鲜。

3.软炸石鸡

石鸡剁大块，调料腌渍入味后，挂蛋青糊，入油炸黄，用花椒盐或番茄酱佐食，酥脆鲜香，风味别具。

4. 屯溪醉蟹

鲜蟹配白酒及调料装坛封口，醉腌 7 天而成。色青微黄，肉嫩鲜美，酒香浓郁，回味甘甜。已有一百四十余年制作历史。

5. 腌鲜鳜鱼

鲜鳜鱼腌渍 7 天后，油炸，加笋片、肉片、调料，用小火细烧而成。鱼肉鲜嫩、芳香，味入肉透骨。已有百年制作历史。

6. 纸包三鲜

鸡肉、火腿、冬菇分别切片，用调料腌渍入味，取玻璃纸，上下放鸡肉及冬菇各一块，中夹火腿，包成长方包，入低温油炸熟。味鲜色绝，原汁原味。

7. 火腿炖甲鱼

当地产马蹄鳖剁块，开水中煮至再开，加火腿、鸡汤、绍酒，旺火烧开，加入冰糖，转用微火炖烂，火腿切片，复入锅内淋猪油，撒胡椒面而成。甲鱼裙边滑润，汤色香醇，肉烂、香浓、无腥味。

8. 徽州圆子

猪肥膘肉、金橘、蜜枣、青梅、白糖、桂花等制成馅心，用肥膘肉泥和炒米花、蛋清、淀粉制成外皮，撮成乒乓球大小的圆子，下油炸至金黄，浇白糖卤汁而成。颗粒均匀，油光泛亮，外皮酥脆，馅心香嫩，味道鲜美，已有一百五十余年制作历史。

9. 什锦虾球

原名油煎虾包。以鸡肉、猪肉、香菇、火腿、干贝丁末加调料为馅心；虾仁、猪肥膘肉泥加调料做皮，包馅心成球，于油中炸黄而成。皮脆馅鲜，滋润爽口。

10. 蟹黄虾盅

虾仁与猪肥膘肉泥加蛋清、调料搅拌；取小酒杯依次放入蟹黄、蟹肉、香菜、虾泥，蒸熟。浇鸡汤卤汁，配姜、醋而食。虾肉晶莹，色泽艳丽，鲜嫩香郁。

11. 奶汁回王鱼

回王鱼两侧划柳叶刀花，放热鸡汤中余之，

并加猪瘦肉片等调料，用大火"独"汤，至鱼皮中胶质析出，鱼肉内的蛋白质溶于汤内，汤浓似奶时即成。鱼肉肥嫩细腻，滋味极鲜。

12. 瓢豆腐

鸡脯肉、猪里脊肉、虾仁制成肉泥，夹于两豆腐片之间，下油炸熟，浇糖、醋、山楂熬成的卤汁而成。豆腐颜色黄亮，外面脆香，肉质鲜嫩，甜酸适度，清爽可口。为明代朱元璋喜食的名菜。已有五百余年制作历史。

13. 四季豆腐

八公山豆腐切为小块，用开水烫，挂糊油炸，配笋片、虾籽、木耳及调料烹制而成。表皮金黄，内色玉白，脆香、软嫩、味美。已有两千余年制作历史。

14. 椿芽焖蛋

紫油香椿嫩芽开水闷烫，沥干、切碎；鸡蛋倒入油锅随即倒入椿芽，使蛋液包住椿芽，转小火焖成。味道鲜美，脆嫩无渣，椿香浓郁。

中国传统名吃

俗话说：民以食为天。吃，不仅关乎着人们生存绵延的命脉，也反映着一个民族的地域文化与历史传统。吃风一如人风，不同地域人的性格与饮食风俗有着千丝万缕的相互联系。北方人豪爽洒脱，故北菜亦大气质朴；南方人温软细腻，故南菜精巧细致。吃，作为一种生理需要和文化传承，不仅体现着鲜明的地域特色，还表达着丰富的民族习惯。饮食文化也已成了一道历久弥新、色彩丰富、香味俱佳的精神大餐。

一、黄河流域食区

俗话说："民以食为天。"吃，不仅关乎着人们生存绵延的命脉，也反映着一个民族的地域文化与历史文化传统。吃风一如人风，不同地域人的性格与饮

食风俗有着千丝万缕的相互联系。北方人豪爽洒脱，故北菜亦大气质朴；南方人温软细腻，故南食精巧细致。吃，作为一种生理需要和文化传承，不仅体现着鲜明的地域特色，还表达着丰富的民族习惯。饮食文化也已成了一道历久弥新、色彩丰富、香味俱佳的精神大餐。

黄河流域地处北温带，是中华民族的发祥地，长期以来都是中国政治、经济、文化的中心地区。黄河流域食区包括北京、天津、山东、山西、河南、陕西、甘肃、宁夏等省市区，以鲁菜风味最为典型。如今鲁菜也已成为我国覆盖面最广的地方风味菜系，从齐鲁到京畿，从关内到关外，影响所及已达黄河流域、东北地带。其主要特色是以炸、爆、熘、烩、扒、炖为主，锅塌最为拿手，最擅长用酱。

（一）北京名吃

北京是个骄傲的名字，源于她悠久的文化传统和无可取代的历史地位。北京人厚重、大气，尽显古都遗风。北京人的性格实在，对人自然而随和。几百年传统文化的积淀，在北京人的心中自然凝练出一份正统和骄傲，又不时透出一丝岁月的苍凉。北京人骨子里对传统文化有一份天然的坚守，这也使北京人有时会显得有些保守。

作为首都，北京自然有一种海纳百川的气度。"北京的胃"吃掉了中国的八大菜系，还吃掉了世界各地的特色美食，大有食尽八方的气派。中国各地的

特色美食皆能在北京找到缩影。北京人好吃，饭店广布，小吃更是数不胜数。功名万里外，心事一杯中。北京人爱喝酒，有北方人豪饮的气魄，又不乏细腻动情之处。北京人喝茶讲究用盖碗，再配以果脯、花生、瓜子等小点心。饮茶之余，侃侃大山，上至火箭升天，国家大事；下至家长里短，鸡毛蒜皮，无所不谈。

1. 北京特色

谭家菜：北京菜中，不仅有世界著名的宫廷菜，还有一批精美的由私家烹调出名的官府菜，谭家菜便是其中的突出代表。谭家菜是清末官僚谭宗浚的家传筵席，因其是同治二年的榜眼，又称"榜眼菜"。谭家菜烹制方法以烧、炖、煨、靠、蒸为主，谭家菜"长于干货发制""精于高汤老火烹饪海八珍"。如今，谭家菜成了唯一保存下来，由北京饭店独家经营的官府菜。

北京烤鸭：历史悠久，早在南北朝《食珍录》中即有"炙鸭"字样出现，南宋时，烤鸭已成为临安（杭州）"食市"中的名品。后来元破临安，元将伯颜曾将临安城里的百工技艺徙至大都，于是烤鸭也就传到了北京，并成为元宫御膳奇珍之一。随着朝代的更替，烤鸭成为明、清宫廷的美味。明代，烤鸭还是宫中元宵节必备的佳肴，后正式命为"北京烤鸭"。随着社会发展，北京烤鸭逐步由皇宫传到民间。北京烤鸭以挂炉烤、焖炉烤最为普遍，另外还有叉烧烤。北京烤鸭营养丰富、味道鲜美，且吃法多样，最适合卷在荷叶饼里或夹在空心芝麻烧饼里吃，可根据个人口味加上适当的佐料，如葱段、甜面酱、蒜泥等。北京烤鸭中最辉煌的当属全聚德了，这一百年老字号堪称北京烤鸭的形象大使。

涮羊肉：在北京，涮羊肉几乎无人不知，无人不晓。涮羊肉据说起源于元代，当年元世祖忽必烈统帅大军南下远征，一日，人困马乏，饥肠辘辘，他猛想起家乡的菜肴——清炖羊肉，于是吩咐部下杀羊烧火。正当伙夫宰羊割肉时，探马飞奔进帐报告敌军逼近。饥饿难忍的忽必烈一心等着吃羊肉，他一面下令部队开拔，一面喊："羊肉！羊肉！"厨师知道他性情暴躁，于是急中生智，飞刀切下十多片薄肉，放在沸水里搅拌几下，待肉色一变，马上捞

入碗中，撒下细盐。忽必烈连吃几碗翻身上马率军迎敌，结果旗开得胜。

在筹办庆功酒宴时，忽必烈特别点了那道羊肉片。厨师选了绵羊嫩肉，切成薄片，再配上各种佐料，将帅们吃后赞不绝口。厨师忙迎上前说："此菜尚无名称，请帅爷赐名。"忽必烈笑答："我看就叫'涮羊肉'吧！"从此，"涮羊肉"就成了宫廷佳肴。据说直到光绪年间，北京"东来顺"羊肉馆的老掌柜买通了太监，从宫中偷出了"涮羊肉"的佐料配方，才使这道美食传至民间。

2. 趣味多多的小吃

北京小吃品目繁多，历史悠久。有的源于清朝皇室御膳中的几种吃食，如萨其马、豌豆黄、小窝头、艾窝窝等。也有的来源于民间民俗，是地道的百姓食物，它们与时令节气息息相关，如立春那天，人们要吃萝卜，谓之"咬春"；开春四月吃榆钱糕、玫瑰糕等；五月的新玉米，谓之"珍珠笋"。还有清真食品，如油炒面、羊杂碎、切糕等。京味小吃处处都透着老北京的浓浓情意，几乎每种小吃都蕴含着一个传说或故事。

有滋有味臭豆腐：豆腐乳的一种，颜色呈青色，闻起来臭，吃起来香。流传至今三百多年，是北京的民间休闲小吃。

相传康熙八年，安徽人王致和进京赶考，名落孙山后又无钱回家，所以就在北京卖起了豆腐。由于夏天天气闷热，卖剩的豆腐不易储存，王致和便把豆腐切成块后封在坛子里。过了很长时间后，王致和才想起来坛子中的豆腐，于是他赶忙打开坛子，顿时臭味漫天，豆腐全变成了绿色，好奇之下，王致和尝了口豆腐，却发觉味美无比，就这样，臭豆腐产生了。臭豆腐曾作为御膳小菜送往宫廷，受到慈禧太后的喜爱，赐名"御青方"。

治病秘方冰糖葫芦：绍熙年间，宋光宗最宠爱的黄贵妃面黄肌瘦，不思饮食。御医用了许多贵重药品，都不见什么效果。皇帝见爱妃日见憔悴，也整日愁眉不展，无奈之下只好张榜求医。一江湖郎中揭榜进宫，为黄贵妃诊脉后说："只要用冰糖与山楂煎熬，每顿饭前吃五至十枚，不出半月就会见好。"贵妃按此办法服用后，果然如期痊愈了。后来此方传至民间，人们将野果用竹签串成串后蘸上麦芽糖稀，糖稀遇风迅速变硬，就成了冰糖葫芦。如今北京有冰糖葫芦老字号三家："信远斋"、"九龙斋"、"不老泉"。

"北京可乐"豆汁儿：没有喝过豆汁儿，不算到过北京。豆汁儿实际上是制作绿豆淀粉或粉丝的下脚料。它用绿豆浸泡到可捻去皮后捞出，加水磨成细浆，倒入大缸内发酵，沉入缸底者为淀粉，上层飘浮者即为豆汁。制作豆汁须先用大砂锅加水烧开，兑进发酵的豆汁再烧开，再用小火保温，随吃随盛。豆汁儿极富蛋白质、维生素 C、粗纤维和糖，并有祛暑、清热、温阳、健脾、开胃、去毒、除燥等功效。《燕都小食品杂咏》中说："糟粕居然可作粥，老浆风味论稀稠。无分男女齐来坐，适口酸盐各一瓯。""得味在酸咸之外，食者自知，可谓精妙绝伦。"

"因祸得福"驴打滚：驴打滚，即豆面糕。据记载："红糖水馅巧安排，黄面成团豆里埋。何事群呼'驴打滚'，称名未免近诙谐。""黄豆黏米，蒸熟，裹以红糖水馅，滚于炒豆面中，置盘上售之，取名'驴打滚'真不可思议之称也。"为什么将黄面糕叫做驴打滚？相传，有一次慈禧太后吃烦了宫里的食物，想尝点儿新鲜玩意儿。这可难到了御膳大厨，左思右想后决定用江米粉裹红豆沙做一道新菜。新菜刚一做好，一个叫"小驴儿"的太监来到了御膳厨房，谁知这小驴儿一不小心把刚刚做好的新菜碰到了装着黄豆面的盆里。这可急坏了御膳大厨，但此时再重新做又来不及，没办法，大厨只好硬着头皮将这道菜呈给慈禧太后。慈禧太后一吃觉得这新玩意儿还不错，就问大厨："这叫什么呀？"大厨想到了太监小驴儿，于是就说是"驴打滚"。慈禧非但不怪罪，还给予了赏赐。

"忆苦思甜"的窝头：窝头旧时是穷人吃的，基本上是贫穷的同义词，可这小小的窝头却有一段故事。当年八国联军进北京，慈禧太后仓皇出京，一路艰辛，哪还能玉盘珍馐，有一天吃到窝头，慈禧顿觉美味异常。后来重新返京，慈禧便命人专门做窝头给她吃，慈禧吃了栗

子面做的窝头，仍觉口味不错，于是赏给王公大臣一同品尝，用来忆苦思甜。这小窝头于是显贵起来，现在北京仍有许多地方卖这种栗子面窝头。

"琼浆玉露"杏仁茶："一碗琼浆真适合，香甜莫比杏仁茶"。此茶是将杏仁用小磨细磨，再和糯米屑同煮，加水加糖，同滚开的水冲至糊糊状，味道甜香可口。

酸酸甜甜酸梅汤：酸梅汤名气很大。有诗曰："铜碗声声街里唤，一瓯冰水和梅汤。"此汤做法简单，关键在于火候。"以酸梅和冰糖煮之，调以玫瑰、木樨、冰水，其凉振齿。"地道的北京酸梅汤既营养可口又解热镇渴。

（二）天津名吃

天津地处九河下游，有九条大河汇于一起。地处交通枢纽的位置，五湖四海之民往来于市，络绎不绝，由此可见天津之繁华。

天津人的性格深深地打上了河流文化的烙印。天津人开放豁达、眼界广阔，在与各地人的交往中，养成了爱交流且幽默的特点，仅从天津小吃的名字就能感受到这种幽默感，例如"狗不理"、"耳朵眼"等。

天津是个移民城市，南来北往的人带来了全国各地的特色名吃，也冲淡了天津本地菜的特色，天津并没有形成自己的菜系。地理条件因素使得天津的饮食文化带有典型的漕运文化特征，不讲求食物的精巧，但求方便实惠，带有强烈的平民意识。天津小吃有三绝：狗不理包子、十八街麻花和耳朵眼炸糕。其中名气最大莫过于狗不理包子，这小小的包子已成为天津的一个标志。

狗不理包子：历经一百四十多年，经几代大师不断创新改良已形成包括传统的猪肉包、三鲜包、肉皮包和创新的海鲜包、野菜包、全蟹包等六大系列的一百多种口味，可谓百包百味。

"狗不理"创始于1858年。清咸丰年间，河北武清县杨村有个年轻人，名叫高贵友，因其父四十得子，为求平安养子，故取乳名"狗子"，期望他能像小狗一样好养活。狗子14岁来天津学艺，在天津南运河边上的刘家蒸吃铺做小伙计，狗子心灵手巧又勤学好问，在师傅们的精心指点下，他练就一手做包子的好手艺，很快就小有名气了。三年满师后，高贵友就独立出来，自开了一家专营包子的小吃铺"德聚号"。由于高贵友手艺好又公道，制作的包子口感柔软、鲜香不腻、形似菊花，色香味形都独具特色，引得十里百里的人都来吃包子，生意兴隆，很快就声名远播。由于来吃包子的人越来越多，高贵友忙得顾不上跟顾客说话，这样一来，吃包子的人都戏称他"狗子卖包子，不理人"。久而之，人们喊顺了嘴，都叫他"狗不理"。

据说后来袁世凯任直隶总督在天津编练新军时，曾把"狗不理"包子作为贡品献给慈禧太后。慈禧太后尝后大悦："山中走兽云中雁，陆地牛羊海底鲜，不及狗不理香矣，食之长寿也。"从此，狗不理包子名声大振。

狗不理包子之所以备受欢迎，誉满天下，关键在其用料精细，制作讲究，规格明确，褶花匀称，真是味道鲜美又花样美观。

胡同眼里有炸糕：耳朵眼炸糕是用优质糯米作皮面，红小豆、赤白砂糖炒制成馅，以香油炸制而成。成品外型呈扁球状，淡金黄色，皮外酥脆内软粘，馅心黑红细腻，香甜适口。耳朵眼炸糕的生产有百余年历史，清光绪年间，创始人"炸糕刘"以卖炸糕谋生，由于精工细做，并逐渐形成独特风格，加之该店铺选址北门外窄小的耳朵眼胡同出口处，被众食客戏称为"耳朵眼炸糕"，至今旺销不衰。

十八街麻花：麻花创始人是范贵才、范贵林兄弟，他们曾开了"桂发祥"和"桂发成"两家麻花店，后来两家并一家，成了"桂发祥"，叫它"十八街"是因为当年这两家店铺都坐落在天津大沽南路十八街，因地而得名。麻花的主料是面粉、花生油和白糖，又加了桂花、青梅等十几种小料。需要发酵、熬糖、配料、制馅、和面、压条、劈条、对条、成型和炸制等十道工序。由十根细条组成，在白条和麻条中间夹一条含有桂花、闽姜、桃仁、瓜条等多种小料调制的酥馅，拧成三个花，成为什锦夹馅

大麻花。

（三）山东名吃

山东古为齐鲁之邦，地处黄河下游半岛，三面环海，腹地有丘陵平原。境内山川纵横，河湖交错，沃野千里，山珍海味、瓜果蔬菜、粮食牲畜，无不应有尽有。这为鲁菜提供了取之不尽、用之不竭的原材料，所以山东自古饮食文化发达，鲁菜也成为北方菜的代表。

山东自古多好汉、侠客，山东人性格豪迈激荡，又深受儒学影响，注重礼俗，民风淳朴厚实。于是鲁菜也形成了大气质朴的特色，颇有"食中好汉"的味道。

贾思勰在《齐民要术》中对黄河中下游地区的烹饪术作了较系统的总结，记下了众多名菜做法，反映出当时鲁菜发展的高超技艺。袁枚称："滚油炮（爆）炒，加料起锅，以极脆为佳，此北人法也。"经过兼收并蓄，长期积淀，鲁菜形成了独特的烹饪技巧，有爆、扒、摊、炒、烧、炸、溜、蒸、贴等烹调技法达三十种以上。其中又以爆为最，可分为油爆、汤爆、葱爆、酱爆、火爆等多种。鲁菜讲究调味纯正，口味偏于咸鲜，具有鲜、嫩、香、脆的特色。鲁菜还十分讲究清汤和奶汤的调制，清汤色清而鲜，奶汤色白而醇。

山东名品名吃有：

八仙过海闹罗汉：这是孔府喜寿宴第一道菜，选用鱼翅、海参、鲍鱼、鱼骨、鱼肚、虾、芦笋、火腿为"八仙"。将鸡脯肉剁成泥，在碗底做成罗汉钱状，称为"罗汉"。

九转大肠：济南九华林酒楼店主将猪大肠洗涮后，加香料开水煮至软酥取出，切成段后，加酱油、糖、香料等制成又香又肥的红烧大肠，闻名于市。后来在制作上又有所改进，将洗净的大肠入开水煮熟后，入油锅炸，再加入调味和香料烹制，此菜味道更鲜美。文人雅士根据其制作精细如道家"九炼金丹"

一般，将其取名为"九转大肠"。

糖醋黄河鲤鱼：这是济南的传统名菜，早在《济南府志》就有"黄河之鲤，南阳之蟹，且入食谱"的记载。在制作时，先将鱼身割上刀纹，外裹茨糊，下油炸后，头尾翘起，再用著名的洛口老醋加糖制成糖醋汁，浇在鱼身上。此菜色泽深红，香味扑鼻，外脆里嫩，酸甜可口，是名副其实的佳肴。

德州扒鸡：全名叫德州五香脱骨扒鸡，是由烧鸡演变而来，其创始人为韩世功。据《德州市志》《德州文史》记载：韩记为德州五香脱骨扒鸡首创之家，产生于明万历四十三年（1616 年），世代相传至今。清乾隆帝下江南，曾在德州逗留，点名要韩家做鸡品尝，吃后赞为"食中一奇"，此后便为朝廷贡品。1911 年，韩世功老先生总结韩家世代做鸡之经验，制作出具有独特风味的"五香脱骨扒鸡"，韩老先生也成为第一代扒鸡制作大师。

德州扒鸡之所以经久不衰，其原因之一就是选料十分严格。德州扒鸡行业广泛流传着一句话："原料是基础，生产加工是保证。"制作扒鸡使用的毛鸡必须是鲜活健壮的，运输中挤压死掉的必须弃之不用。

油爆大蛤：鲁菜名品，在山东沿海历史已久。宋朝时已有所制，沈括《梦溪笔谈》中就记载有用油烹制蛤的方法。此法经历代厨师改进，在清朝形成现在的"油爆大蛤"，成为山东传统菜品。

（四）山西名吃

山西是华夏文明起源的中心区域之一。古史记载"尧都平阳，舜都蒲坂，禹都安邑"，说的就是山西。山西由黄河水系哺育而成，具有浓郁的黄土高原气息，有着源远流长的文化传统，是厚重的黄河文化的主要代表之一。

北方人爱吃面，人所皆知。可要论做面技法之巧，面食形状之繁，面品种类之多，面条名气之大，当首推山西。山西人以面为主食，

可谓顿顿有面，面不离饭，他们不但爱吃面，而且更会做面。从一团普通的面到一碗喷香四溢的面食，面团实现了"自我价值"，而这都源自做面者的生花妙手。或压，或擀，或削，或拉，或揪，或剔，或擦，在一系列巧技之下，面团百般变化，时长时短，却薄厚有致。时粗时细，却软硬相宜。山西面食种类繁多，共计达二百多种，令人眼花缭乱。在这众多的面食里，有四种脱颖而出，独领风骚，它们就是号称"山西四大名面"的刀削面、刀拔面、拉面和剔尖。

山西人被称为"老醯"。醯，就是醋，可见山西人对醋的热爱。对于山西人，无论何种食物都缺醋不可。饭要有醋香，菜要有醋味，所谓"无醋不食"。山西有陈醋、普醋、双醋、特醋、名特醋、味醇等许多品种。山西人为什么这么爱吃醋？原因是山西水碱性强，所以要通过食醋来中和摄入体内的过多的碱，以达到酸碱平衡、促进消化的目的。山西名醋众多，唯有"老陈醋"最为有名，其味甜绵酸香，不仅提味，还可消食、美容、杀菌，尤其还具有香、绵、不沉淀的特点。

山西名吃有：

刀削面：传说，元朝为防止"汉人"造反将家家户户的刀具全部没收，并规定每十户共用一把厨刀，切菜做饭轮流使用，用后还要交回保管。某天中午，一位老婆婆将玉米、高粱面和成面团，让老汉取刀。结果刀被别人取走，老汉只好返回，回来时脚被一块薄铁皮碰了一下，他顺手拣起来揣在怀里。回家后，锅开得直响，全家人都等刀切面吃。可是刀没取回来，老汉急得团团转，忽然想起怀里的铁皮，就取出来说："就用这个切面吧！"老婆婆一看，铁皮薄而软，嘟囔着说："这么软咋能切面条。"老汉气愤地说："切不动就砍。""砍"字提醒了老婆婆，她把面团放在一块木板上，左手端起，右手持铁片，站在开水锅边"砍"面，一片片面片落入锅内，煮熟后捞到碗里，浇上卤汁让老汉先吃，老汉边吃边说："好得很，好得很，以后不用再去取厨刀切面了。"这样一传十，十传百，传遍了晋中大地。至今，晋中的平遥、介休、汾阳、孝义等县，不论男女都会削面。后来，这种"砍面"又经过多次改革就演变成现在的刀削面。刀削面全凭刀削，所以面叶中厚边薄，棱锋分明，形似柳叶；入口外滑内筋，软而不粘，柔中有硬，软中有韧，浇卤、或炒或凉拌，如略加山西老陈醋食之尤妙。刀削面因其独特风味而与北京的炸酱面、山东的伊府面、武汉的热干面、四川的担担面同称为"中国五大面食名品"。

岐山擀面皮：岐山擀面皮最初源于三百多年前的康熙年间，当时岐山县北郭乡八亩村里有一个叫王同江的人，在皇宫中当御厨，他根据自己的丰富经验，在烹饪实践中摸索制作这道美食，结果深受皇后嫔妃们的喜爱。后来，岐山擀面皮传至民间，如今成为山西的名吃。

岐山擀面皮以"白、薄、软、香"而闻名，其形似宽面，几乎透明，津而耐嚼，再同泼油辣椒、盐水、香醋等调料加以调和，口感极佳。当地人在夏日经常将其当做主食，就是在寒风凛冽的冬天也是桌上佳品。

（五）河南名吃

河南是中华民族最重要的发源地，古有"中原"之称。河南历史悠久，文化底蕴丰富。洛阳、开封、安阳、郑州都是我国著名的古都。中原文化博大精深，源远流长，是中华民族传统文化的根源和主干。

河南名吃有：

套四宝：是河南菜的代表作，因集鸭、鸡、鸽子、鹌鹑四味于一体，四禽层层相套且形体完整而得名。"套四宝"的套是个关键，这需要鸭、鸡、鸽子、鹌鹑首尾相照，身套身，腿套腿。诀窍是在给加工洗净的鹌鹑肚里填充海参蘑菇配料后，用竹针把破口插合，在开水锅中焯一下，这不仅清除血沫，更主要的是使皮肉紧缩，便于在鸽子腹内插套。鸽子套进鹌鹑后，仍要在锅中开水焯一下，然后再向鸡腹插套，同样焯过的鸡再向鸭腹填充，最后成了体态浑圆，内容丰富的四

宝填鸭。再配以佐料，装盆加汤，上笼蒸熟，从里到外通体酥烂，醇香扑鼻，端盆上桌。

道口烧鸡：中华名吃，始创于清朝顺治十八年（1661年），至今已有近三百五十年的历史。据《浚县志》及《滑县志》记载，屡经摸索改进，得清宫御膳房的御厨制作烧鸡秘方，味道独特香美。道口烧鸡在选鸡、宰杀、撑型、烹煮、用汤、火候等方面，都有一套严格的手艺。它选鸡严格要选两年以内的嫩鸡。挑来的鸡，要留一段候宰时间，让鸡消除紧张状态，恢复正常的生理机能，以利于杀鸡时充分放血，也不影响鸡的颜色。配料、烹煮是最关键的工序。将炸好的鸡放在锅里，对上老汤，配好佐料，用武火煮沸，再用文火慢煮。烧鸡的造型更是独具匠心，鸡体开剖后，用一段高粱秆把鸡撑开，形成两头尖尖的半圆形，别致美观。

道口烧鸡的制作技艺历代相传，与北京烤鸭、金华火腿齐名，被誉为"天下第一鸡"。豫北滑县道口镇，素有"烧鸡之乡"的称号。其老字号"义兴张"开业已近三百年了，始终保持独特的风味，其色、香、味、烂被称为"四绝"。据传，一次嘉庆皇帝巡路过道口，忽闻奇香而振奋，问左右人道："何物发出此香？"左右答道："烧鸡。"随从将烧鸡献上，嘉庆尝后龙颜大悦："色、香、味三绝。"此后，道口烧鸡成了清廷的贡品。

砂锅伊府面：河南传统风味名吃，以汤鲜、面筋、营养丰富而享誉中原。相传唐朝邺城（今河南安阳）有位姓伊的将军，有一次，他回故里省亲，不料立足未定，皇帝便传来圣旨，令其还朝。伊家顾不得制办酒筵，家厨性急之下，将面粉用鸡蛋和成面块擀切成面条，下油锅烹炸，用当地一种砂锅，内添入高汤，汤开后加入海参、鱿鱼、猴头、蹄筋、玉兰片、海米、香菇、熟鸡丝、木耳等主菜、配料，并佐以大油、胡椒、辣椒油等，熟后端给伊将军品尝，既为将军接风，又为将军送行。由于用料考究，面条筋滑软嫩，汤鲜味美，受到将军大加赞赏。后此面传入民间，人们称为"伊府面"。

胡辣汤：原产河南的一种汤类小吃。顾名思义，放入了胡椒和辣椒又用骨头汤做底料的胡辣汤又香又辣，如今已成为广为河南人所喜爱的小吃之一，早上街头巷尾有很多卖胡辣汤的摊位。在河南，油饼包子油条加酸辣胡辣汤就是一道美味早餐。

河南胡辣汤来源极古，有传说为三国曹操所发明的，还有说宋代明代的，不管怎样，都说明河南人喝胡辣汤的历史已经很长。胡辣汤喝多上火，河南人就把清热下火的豆腐脑和胡辣汤掺在一起喝，谓之"豆腐脑胡辣汤两搀"，简称"两掺"，既营养又不上火，可谓一举两得。

（六）甘陕风味

陕西的历史底蕴是无与伦比的。沃野千里，八水环绕，文化的积淀和历史的恩赐，使陕西人骨子里有种自豪感，如同陕北的民歌一样，陕西人透着豪放粗犷和耿直朴实。

甘肃的历史文化同样颇负盛名。敦煌莫高窟、丝绸之路、马踏飞燕、嘉峪关，莫不声名显赫。

1. 陕西名吃

牛羊肉泡馍：陕西的风味美馔，尤以西安最享盛名。它烹制精细，料重味醇，肉烂汤浓，肥而不腻，营养丰富，香气四溢，诱人食欲，食后回味无穷。因它暖胃耐饥，素为西安和西北地区各族人民所喜爱，外宾来陕也争先品尝，以饱口福。牛羊肉泡馍作为陕西名食的"总代表"还被选入国宴。

关于羊肉泡馍，还有段传说。据说宋太祖赵匡胤未得志时曾流落长安街头，一天，身上只剩下两块干馍，馍干硬无法下咽。恰好路边有一羊肉铺正在煮羊肉，他便去恳求给一碗羊肉汤。店主见他可怜，让他把馍掰碎，浇了一勺滚烫的羊肉汤泡了泡。赵匡胤接过泡好的馍，大口吃了起来，吃得他全身发热冒汗，饥寒顿消。后来赵匡胤当了皇帝，一次出巡长安，路经当年那家羊肉铺，不禁想起当年吃羊肉汤泡馍的情景，便停车命店主做一碗

羊肉汤泡馍。店主一下慌了手脚，店内不卖馍，用什么泡呢？忙叫妻子马上烙几个饼。待饼烙好，店主一看是死面的，又不太熟，害怕皇帝吃了生病，便把馍掰得碎碎的，浇上羊肉汤又煮了煮，放上几大片羊肉，精心配好调料，然后端给皇上。赵匡胤吃后大加赞赏，随赐银百两。这事不胫而走，传遍长安。从此来店吃羊肉汤泡馍的人越来越多，成了长安独特的风味食品。北宋大文学家苏东坡曾留下"陇馔有熊腊，秦烹惟羊羹"的诗句。

葫芦头：西安特有的传统风味佳肴，它以味醇汤浓、馍筋肉嫩、肥而不腻闻名于国内外。早在唐朝，长安就有一种猪肠肚做的名叫"煎白肠"的食品。相传，有一天唐代医圣孙思邈来到长安，在一家专卖猪肠、猪肚的小店里吃"杂糕"时，发现肠子腥味大、油腻重，问及店主，方知是制作不得法。孙思邈向店主说道："肠属金，金生水，故有降火、治消渴之功。肚属土居中，为补中益气、养身之本。物虽好，但调制不当。"于是，从随身携带的葫芦里倒出西大香、上元桂、汉阴椒等芳香健胃之药物，调入锅中。果然，香气四溢、其味大增。这家小店从此生意兴隆、门庭若市。店家不忘医圣指点之恩，将药葫芦悬挂在店门首，并改名为"葫芦头泡馍"。说来有趣，1935年前后，张学良将军的东北军，在西安因水土不服，饮食习惯差异，将士们患病很多，但是对葫芦头泡馍大家却始终很有食欲。

葫芦头泡馍之所以脍炙人口，与它精细的烹制工艺和多种调料的合理使用是分不开的。其烹制工艺主要有处理肠肚、熬汤、泡馍三道程序。肠肚要经过捋、掭、刮、翻、摘、回翻、漂，再经捋、煮、晾等十几道工序，才能达到去污、去腥、去腻的要求。

锅盔：源于外婆给外孙贺满月的礼品，后发展成为风味方便食品。锅盔面硬，饼厚。由于这种饼的外形很像古人头上带的头盔，故得名锅盔。锅盔制作工艺精细，素以"干、酥、白、香"著称。干硬耐嚼，内酥外脆，白而泛光，香醇味美。锅盔吃起来有嚼头，易保存，不易发霉，所以人们出门时喜欢带锅盔。锅盔的朴实也很能反映陕西人的性格。关中较为有名的有乾州锅盔、长武县锅盔、岐山县锅盔。

2. 甘肃名吃

兰州牛肉拉面：清代诗人张澍曾写道："几度黄河水，临流此路穷。拉面千丝香，唯独马家爷。美味难再期，回首故乡远。……焚香自叹息，只盼牛肉面。"那时"兰州清汤牛肉拉面"已是著名的美味小吃了。牛肉拉面在兰州俗称"牛肉面"，是兰州最具特色的大众化经济小吃。兰州人把牛肉面做出了名堂，让人吃上了瘾，还得个名扬天下。兰州拉面是汤面，而且还是清汤面，它的精彩之处就在于汤清。首先是煮好面条后分离净煮面的浑面水；其次是加入的牛肉汤是清的，不加入酱油等有色物。兰州清汤牛肉拉面继承了传统牛肉拉面的技艺，选择上等面粉，添加不含任何有害物质的和面剂，按照传统方法和面、揉面、打面、醒面、和揪面剂子，再经拉面师用手抻拉。一团面可拉出大宽、宽、韭叶、二柱子、二细、细、毛细、一窝丝、荞麦棱子等十余中不同形状的面条，如此新鲜的面条，自然比各种机制面条、干面条更美味可口了，熟练的拉面师每分钟可拉出 6—7 碗面。一般来说，兰州清汤牛肉拉面的汤采用牛肉、牛肝、牛骨、牛油及十多种天然香料熬制而成，香味扑鼻、天然香料中的助消化成分更使人食欲大增。尤其是"马家大爷牛肉面"，其调料配方独特、汤汁清爽、诸味和谐、牛肉软中带筋、滋味绵长、萝卜白净、辣油红艳、香菜翠绿、面条柔韧、滑利爽口、香味扑鼻，更是美味无比，堪称兰州牛肉面中的极品。

浆水面：浆水，既可做清凉饮料，又能在吃面条时做汤。再加上葱花、香菜调味，更是脍炙人口。浆水有清热解暑之功效，在炎热的夏天，喝上一碗浆水，或者吃上一碗浆水面，立即会感到清凉爽快，还能解除疲劳，恢复体力。浆水对某些疾病也有疗效，高血压病患者经常吃一点芹菜浆水，能起到降低和稳定血压的作用。据说对肠胃和泌尿系统的某些疾病，浆水也有一定的疗效。

二、长江中上游食区

长江发源于青藏高原的唐古拉山脉各拉丹冬峰西南侧。干流流经青海、西

藏、四川、云南、重庆、湖北、湖南、江西、安徽、江苏、上海十一个省、自治区和直辖市，于崇明岛以东注入东海。长江的"稻作文明"深刻影响中国饮食文化的形成和发展。长江中上游地区是主要受川菜影响的食区，包括四川、重庆、湖北、湖南等地。

（一） 四川名吃

四川偏安西南，物产丰富，古有天府之国之称。群山环抱，盆地镶嵌，自成一体。四川人性格深受盆地文化影响，一方面，温文尔雅，性逸好乐，富娱乐精神，比如人们常称成都为"休闲之都"，还常会把一个"安逸"放在嘴边。可另一方面，四川人又不安于久居盆地之中，故敢闯敢拼，性格极具变通，具有蓬勃的创造力。四川宝地，钟灵毓秀，自古便是人杰地灵，才人辈出之地。

四川是一个平民意识强烈的地方。川菜实惠，价格相对低廉，符合大众饮食的潮流。川菜享有"一菜一格，百菜百味"的美誉。有干烧、鱼香、怪味、椒麻、红油、姜汁、糖醋、荔枝、蒜泥等复合味型，如咸鲜味型、家常味型、麻辣味型、糊辣味型、鱼香味型、姜汁味型、怪味味型、椒麻味型、酸辣味型等二十多种，形成了川菜的特殊风味。川菜的特点是突出麻、辣、香、鲜、油大、味厚，重用"三椒"（辣椒、花椒、胡椒）和鲜姜。在烹调方法上擅长炒、滑、熘、爆、煸、炸、煮、煨等，尤为小煎、小炒、干煸和干烧有其独到之处。

1. 川菜名品

干烧岩鲤：岩鲤学名岩原鲤，又称黑鲤，分布于长江上游及嘉陵江、金沙

江水系，生活在底质多岩石的深水层中，常出没于岩石之间，体厚丰腴，肉紧密而细嫩。干烧岩鲤是用四川特产岩鲤和猪肉炸、烧制而成，为川味宴席菜中的珍品，成菜色泽金黄带红光亮，味道鲜香微辣。

一品熊掌：川菜高级筵席上的名贵头菜。"一品"既可作封建社会最高官阶的解释，也可以作名贵高级菜的形容。此菜是用传统的红烧法烹制，咸鲜味型。色泽红亮，掌形完美，质地软糯，汁稠发亮。成菜后形象之富丽华贵，真可谓"一品"。

夫妻肺片：细腻、微辣、香、甜、鲜、回味可口。这道菜有牛舌、牛心、牛肚、牛头皮，还有牛肉，但始终就没有牛肺，所以各位食客在品尝时千万不要认为这"肺片"就是牛肺片，要知道此"肺片"本无"肺"，只是因缘巧合造成的名不副实而已。有个传说，三国时安汉有一对夫妻，在嘉陵江畔开了一个小卤菜酒店，主要供渡口来往人员食用，当时江中渔人、渔舟及商船很多，生意很红火。当时巴西郡太守张飞常来此饮酒，感觉这道凉菜尤其味美可口，对夫妇两人的手艺特别称赞，就将此菜取名为"夫妻肺片"。

麻婆豆腐：特色在于麻、辣、烫、香、酥、嫩、鲜、活八字。"麻婆豆腐"因何得名？成都有这样一个传说：清光绪年间，成都万宝酱园一个姓温的掌柜，有一个满脸麻子的女儿，叫温巧巧。她嫁给了马家碾一个油坊的陈掌柜，后来丈夫死了，巧巧和小姑的生活成了问题。巧巧左右隔邻分别是豆腐铺和羊肉铺，于是她把碎羊肉配上豆腐炖成羊肉豆腐，味道辛辣，街坊邻居尝后都认为好吃。于是，两姑嫂把屋子改成食店，前铺后居，以羊肉豆腐作招牌菜招待顾客。小食店价钱不贵，味道又好，生意很是兴旺。巧巧寡居再未改嫁，一直靠经营羊肉豆腐维持生活。她死后，人们为了纪念她，就把羊肉豆腐叫做"麻婆豆腐"。

回锅肉：四川家家都能做回锅肉，到四川回锅肉不能不吃，俗话说"入蜀不吃回锅肉，等于没有到四川"。现在回锅肉的品类很多，连山回锅肉、干豇豆回锅肉、红椒回锅肉、蕨菜回锅肉、酸菜回锅肉、莲白回锅肉、蒜苗回锅肉、蒜薹回锅肉等，其口感皆油而不腻。传说这道菜是从前四川人初一、十五打牙祭（改善生活）的当家菜。当

时做法多是先白煮，再爆炒。清末时成都有位姓凌的翰林，因宦途失意退隐家居，潜心研究烹饪。他将原煮后炒的回锅肉改为先将猪肉去腥味，以隔水容器密封的方法蒸熟后再煎炒成菜。因为久蒸至熟，减少了可溶性蛋白质的损失，保持了肉质的浓郁鲜香，原味不失，色泽红亮。自此，名噪锦城的久蒸回锅肉便流传开来，而家常的做法还是以先煮后炒居多。

鱼香肉丝：以鱼香调味而定名。相传以前四川有户生意人家，他们家里的人很喜欢吃鱼，对调味也很讲究，所以他们烧鱼时都要放一些葱、姜、蒜、酒、醋、酱油等去腥增味的调料。一天晚上，这家的女主人在炒另一道菜时，为了不浪费配料，就把上次烧鱼时用剩的配料放进这道菜中，没想到炒出了令全家人大开口味的美味。这款菜也因为是用烧鱼的配料来炒的，故取名为"鱼香炒"，后来的鱼香炒杂菜、鱼香炒饭、鱼香肉丝都因此得名。

担担面：用花椒、红油、酱油、醋、味精、葱等佐料做成碎肉臊子，加在煮好的面上，就成了担担面。担担面最有名的要数陈包包的担担面，1841 年由自贡一位名叫陈包包的小贩创始，因其最初是挑着担子沿街叫卖而得名。过去成都走街串巷的担担面，用一中铜锅隔两格，一格煮面，一格炖鸡或炖蹄髈。现在成都、重庆、自贡等地的担担面，多已改为店铺经营，但依旧保持原有特色，其中尤以成都的担担面特色最浓。

2. 成都小吃

成都小吃甲天下，小吃店数量之多，可谓全国之冠。成都是一个平民化的城市，到处弥漫着大众的朴实与亲切。川人口味，不讲究名气，不过分追求环境，但求个美味与实惠。成都小吃价格低廉，花钱不多就可以吃到许多美味的小吃，可谓美食天堂。

成都人喜吃火锅，四川气候湿热，火锅麻辣朝天的热劲，可以将身体的潮气通过出汗的形式排出体外，既美味又科学。

宋嫂面：此面将鱼肉、芽菜、香菌等制成鱼羹做臊子加入面中，味道鲜美无比。因为是仿制宋朝汴梁人宋嫂的做面方法，故称为宋嫂面。

龙抄手：抄手就是北方所谓的馄饨。龙抄手是以姓龙的师傅所做的抄手特别好吃而冠名的。

赖汤圆：糯米磨成细粉加水成面，放好馅用水捏成圆形或菱形。馅的种类很多，以黑芝麻、细沙汤圆最出名。不浑汤，不粘牙，再配以各种酱蘸着吃，别有风味。

红油饺子：是一种个儿比较小的水饺，煮熟后放在碗里，再放入特制的辣椒油，吃起来又辣又香。

（二） 湖北名吃

湖北历来为中国水陆交通运输枢纽，湖泊众多，故有"千湖之省"之称。长江、汉江和京广铁路相交于武汉，京九铁路有一条联络线与武汉相连，使武汉市成为名副其实的"九省通衢"。长江、汉水两大江将整个武汉地面分成三镇并汇流于龟山脚下。武汉坐拥江汉平原，百余个美丽湖泊散落其间，更有座座青山耸立云中，美丽的自然景致与现代化的繁华城市相映成辉。

湖北处于交通枢纽的地理位置，因此有大量的流动人口穿梭于其中，《汉口竹枝园》中就有记载："此地从无土著，九分商贾一分民"。由于地处中国南北交界，湖北人民性格也兼具南北人特色，既有北方人的豪迈爽直，又有南方人的聪明狡黠，故而显得精明强悍。气候的大冷大热，又造成了湖北人易怒、火爆的性格。

南来北往的人带来了大江南北的美食，湖北人也养成了口味"杂"的特色，形成了兼有天下味道而独家固有风格食俗不明显的特点。湖北风味以武汉、荆沙和黄州三个地方菜为代表。

清蒸武昌鱼："才饮长沙水，又食武昌鱼"。武昌鱼得名于三国。东吴甘露元年，末帝孙皓欲再度从建业迁都武昌。左丞相陆凯上疏劝阻，说"宁饮建业水，不食武昌鱼"，于是武昌鱼便始有其名。清蒸武昌鱼是选用鲜活的樊口团头鲂为主料，配以冬菇、冬笋、并用鸡清汤调味。成

菜鱼形完整、色白明亮、晶莹似玉；鱼身缀以红、白、黑配料，更显出素雅绚丽。

武昌鱼名震天下，还得多谢毛主席。当年毛主席吃了武昌鱼后，大赞其美味，挥笔留下名句："才饮长沙水，又食武昌鱼。"这一吟，武昌鱼遂名满天下。

热干面：是颇具武汉特色的早餐小吃。热干面的来历很简单，20 世纪 30 年代初期，汉口长堤街有个名叫李包的食贩，在关帝庙一带靠卖凉粉和汤面为生。有一天，天气异常炎热，不少剩面未卖完，他怕面条发馊变质，便将剩面煮熟沥干，晾在案板上。一不小心，碰倒案上的油壶，麻油泼在面条上。李包见状，无可奈何，只好将面条用油拌匀重新晾放。第二天早上，李包将拌油的熟面条放在沸水里稍烫，捞起沥干入碗，然后加上卖凉粉用的调料，弄得热气腾腾，香气四溢。人们争相购买，吃得津津有味。这就是"热干面"的来历，一种意外得来的美食。

豆皮：豆皮是武汉一种著名的民间小吃，多作早餐，武汉街头巷尾的早餐摊位每每是缺不了的。豆皮是用绿豆和大米混合磨浆摊皮，再包上糯米、肉丁或是香菇、虾仁，用平锅油煎而成。

在武汉以老通城的三鲜豆皮历史最负盛名。当年毛主席在武汉通城餐馆吃了豆皮后，连说好吃。记者于是写进文章，豆皮就此出名。豆皮的功效很多，可保护心脏，预防心血管疾病，富含多种矿物质，可补充钙质，对老人、小儿极为有利。

小笼汤包：顾名思义就是在小笼里蒸包子，汤在包中，即把肉馅泡在汤里，包子皮又将汤和肉馅包住。吃时先咬一小口，将汤吸掉，再大口吃包子。

（三）湖南名吃

湖南地处长江中游，因鱼和大米产量很大，自古就是鱼米之乡，物产丰富。湖南人喜吃辣，天下闻名。俗话说"四川人不怕辣，贵州人辣不怕，湖南

中华饮食

人怕不辣。"湖南关于辣椒的称谓也颇有特色,如泡辣椒、油辣椒、覆辣椒、白辣等。湖南人不仅爱吃辣,性格也很辣。其地民风勇猛刚烈,强悍大胆。湖南菜也很像湖南人的性格,显得生猛无比,野劲十足。

东安童子鸡:此菜白、红、绿、黄四色相映,色彩朴素清新,鸡肉肥嫩异常、味道酸辣鲜香。据说,唐玄宗开元年间,有客商赶路,夜里在湖南东安县城一家小饭店用餐。店主老妪因无菜可供,捉来童子鸡现杀现烹。童子鸡经过葱、姜、蒜、辣调味,香油爆炒,再烹以酒、醋、盐焖烧,红油油、亮闪闪,鲜香软嫩,客人吃后赞不绝口。知县听说后亲自到该店品尝,果觉名不虚传,遂称其为"东安童子鸡"。这款菜流传至今成为湖南名菜。

组庵鱼翅:此菜颜色淡黄、汁明油亮、软糯柔滑、鲜咸味美、醇香适口。相传为清末湖南督军谭延闿家宴名菜,谭延闿字组庵,是一位有名的美食家。其家厨曹敬臣,善于花样翻新,他将红煨鱼翅的方法改为鸡肉、五花肉与鱼翅同煨,成菜风味独特,备受谭延闿赞赏。其后谭延闿常在宴席间指点制作此菜,后来人们称之为"组庵大菜",饮誉三湘。

龟羊汤:湘菜中滋阴名馔。中医认为:龟肉甘、咸、平,入肺肾二经,有滋阴补血功效;羊肉也富含营养,有益气补虚、壮阳暖身的作用。龟、羊肉加当归、党参、附片、枸杞,脾肾双补,增强食疗作用,且一扫龟羊肉的腥气和膻味,芬芳馥郁,软烂鲜嫩。

三、长江下游食区

本区四季分明，降水均匀，气候温暖湿润。在长江流域开拓下，河网密织，水利资源丰富。地形上有一马平川的平原地带，间或分布起落有致的丘陵地带。长江下游地区是主要受苏菜影响的食区，包括上海、江苏、浙江、安徽、江西等地。

（一）江浙名吃

江浙之地，灵动天下，有道是"杏花春雨江南"。江浙人虽没有北方人的粗犷豪迈，不能仗剑驰骋，纵马奔腾；也缺少两广人的机警开拓，不能扬帆远扬，

荡漾波涛，但软玉温香、山川秀美的江南，确是人杰秀灵之地。古语说"无绍不成衙"、"无宁不成市"，绍兴师爷、宁波商人，加上近代的人才辈出，还有今天的温州、义乌走遍全球的商业贸易，可以说江浙一带自古以来就是文化、商业繁荣之地。

江苏菜和浙江菜同为南食的两大代表，由于苏菜和浙菜很接近，因此统称为江浙菜。江浙菜风味清鲜，浓而不腻，营养均衡，理性中和。江浙人喜欢甜味、偏软的食物，性情上也显得温润平和。

1. 江浙名品

松鼠鳜鱼：苏州地区的传统名菜，在江南各地一直将其列为宴席上的上品佳肴。色泽金黄，形似松鼠，外脆里松，甜中带酸，鲜香可口。

相传乾隆皇帝下江南时，曾微服至苏州松鹤楼菜馆用膳，厨师用鲤鱼出骨，

在鱼肉上刻花纹，加调味稍腌后，拖上蛋黄糊，入热油锅嫩炸成熟后，浇上熬热的糖醋卤汁，形状似鼠，外脆里嫩，酸甜可口，乾隆皇帝吃后很满意。后来苏州官府传出乾隆在松鹤楼吃鱼的事，此菜便名扬苏州。其后，经营者又用鳜鱼制作，故称"松鼠鳜鱼"，不久此菜便流传江南各地。清代《调鼎集》记载："松鼠鱼，取（鱼季）鱼肚皮，去骨，拖蛋黄，炸黄，炸成松鼠式，油、酱烧。"此菜至今已有两百多年历史，现已成为闻名中外的一道名菜。

西湖醋鱼：杭州传统风味名菜。这道菜选用鲜活草鱼作为原料烹制而成的。这个菜的特点是不用油，只用白开水加调料，鱼肉以段生为度，讲究鲜嫩和本味。

相传古时有宋氏兄弟两人，很有学问，隐居在西湖以打鱼为生。当地恶棍赵大官人有一次游湖，路遇一个在湖边浣纱的妇女，见其美姿动人，就想霸占。派人一打听，原来这个妇女是宋兄之妻，就施用阴谋手段，害死了宋兄。恶势力的侵害，使宋家叔嫂非常激愤，两人一起上官府告状。官府不但没受理他们的控诉，反而一顿棒打，把他们赶出了官府。回家后，宋嫂要宋弟赶快收拾行装外逃。临行前，嫂嫂烧了一碗鱼，加糖加醋，烧法奇特。宋弟问嫂嫂："今天鱼怎么烧得这个样子？"嫂嫂说："鱼有甜有酸，我是想让你这次外出，千万不要忘记你哥哥是怎么死的，你的生活若甜，不要忘记老百姓受欺凌的辛酸，不要忘记你嫂嫂饮恨的辛酸。"弟弟吃了鱼，牢记嫂嫂的心意而去，后来，宋弟取得功名回到杭州，报了杀兄之仇。古时有人为此留诗曰："裙屐联翩买醉来，绿阳影里上楼台，门前多少游湖艇，半自三潭印月回。何必归寻张翰鲈，鱼美风味说西湖，亏君有此调和手，识得当年宋嫂无？"

叫花鸡：很早以前，有个叫花子沿途讨饭流落到常熟县的一个村庄。一日，他偶然得来一只鸡，欲宰杀煮食，可既无炊具，又没调料。他来到虞山脚下，将鸡杀死后去掉内脏，带毛涂上黄泥、柴草，把涂好的鸡置火中煨烤，待泥干鸡熟，剥去泥壳，鸡毛也随泥壳脱去，露出了鸡肉。约一百多年以前，常熟县城西北虞山胜地的"山景园"

菜馆根据这个传说，去粗取精，精工效法创制此鸡，如今"叫花鸡"已成为一道南北皆知的名吃。

2. 上海

上海是一个移民城市，地处长江东端，腹地广阔，经济发达，素有"中国纽约"之称。

上海人气质温文尔雅，随性而处。重坚韧，能曲中求直。崇尚谋略，精细有余，略显大气不足，自古有俯瞰人间的视野，却没有纵横天下的气魄。

城隍庙小吃是上海小吃的重要组成部分，中国四大小吃之一。形成于清末民初，地处上海旧城商业中心。其著名小吃有南翔馒头店的南翔小笼包，满园春的百果酒酿圆子、八宝饭、甜酒酿，湖滨点心店的重油酥饼，绿波廊餐厅的枣泥酥饼、三丝眉毛酥。此外还有许多特色小吃，如：面筋百叶、糟田螺、余鱿鱼等。

南翔小笼包：像小宝塔形状，初名"南翔大肉馒头"，后称"南翔大馒头"，再称"古猗园小笼"，现叫"南翔小笼"。南翔小笼包已有百年历史，最初的创始人是日华轩点心店的老板黄明贤，后来他的儿子才在豫园老城隍庙开设了分店，也就是在这繁华喧闹的豫园，南翔小笼包出现了。

如今南翔小笼包的分店已遍及全国各地甚至国外，其原汁原味、自然淳朴的口味始终吸引着络绎不绝的天下食客。戳破面皮，蘸上香醋，就着姜丝，咬一口南翔小笼包，然后细细品味，不仅品味了上海传统的饮食文化，也有一种朴实自然的"乡野"之情。

白果酒酿圆子：酒酿圆子一般是小而无馅，但此圆子稍大，内包百果馅，滚米粉，成为小巧玲珑的百果圆子，配以优质糯米制成的甜酒酿，是上海城隍庙满园春小吃店的名品，也是甜食小吃中的上品。其特点是百果清香，花香、酒香味更浓。

八宝饭：把糯米蒸熟，拌以糖、猪油、桂花，倒入装有红枣、薏米、莲子、桂圆肉等果料的器具内，蒸熟后再浇上糖卤汁即成。味道甜美，是节日和待客

中华饮食

佳品。

3. 南京名吃

南京是我国的六朝古都，到处弥漫着浓郁的历史韵味。自古金陵拥王气，多产江南佳丽，六朝金粉，歌舞升平。

南京人很会享受生活，自然很会吃。秦淮河畔，酒肆林立，食店栉比。南京人深得中庸之道，连饮食也体现出来，南京饮食兼收并蓄，创新而不守旧。口味不会过甜、过辣、过咸，而是十分守"中"。

历史上的夫子庙相当繁华，六朝的秦淮河和青溪一带，设有众多水榭酒楼。明清以降，每逢开科秋闱，考生云集，于是书肆、茶馆、客栈应运而生，当年秦淮河南岸的一些街巷成为富家子弟的"温柔乡"、"销金窟"。名噪天下的夫子庙小吃与之相伴生成，与"秦淮八艳"相映照，小吃中有"秦淮八绝"。

夫子庙小吃特别诱人，"色、香、味、形、具"式式精湛，让人馋涎欲滴。金灿灿、黄澄澄、绿油油、白花花，如大千世界，五彩缤纷；甜滋滋、咸味味、酸渍渍、辣乎乎，似磊落人生，百味俱全。荤素果菜，随心所欲，春夏秋冬，各领风骚。春天有荠菜烧饼、菜肉包子、四喜元宵；夏天有千层油糕、开花馒头、刨凉粉；秋天有蟹黄烧卖、萝卜丝饼、鸡鸭血汤；冬天则有五仁馒头、水晶包子、豆腐脑。老牌的淮扬风味有口皆碑：有绵软味透、鲜嫩可口的干丝，咸甜适中、油而不腻的包子，香气扑鼻、余味浓郁的黄桥烧饼，香辣扑鼻的豆腐脑，人见人爱的"什色点心"，每笼十件、五个品种，荤素兼备，甜咸宜人。夫子庙的特色还在于灵活生动的经营方式，不仅有青砖小瓦、粉墙坡屋，张灯结彩的"老淮扬"，鳞次栉比排列着的是香气四溢、现做现吃的小吃摊，灯光下的动人笑靥、民歌式的招徕吆喝，为沉浸在桨声灯影中的秦淮带来了温馨和欢乐。

集秦淮小吃之大成的是"晚晴楼"，清雅幽丽的江南丝竹，描绘出风清月朗、小桥流水的水乡神韵。一只只青瓷带盖荷盏端放在彩绘的瓷碟上，更使人感受到明清时期的茶馆风味。千百年来的习俗形成了一套别具特

色的进餐程序。入座先泡茶，主随客便，各取所需。有的喜爱广东式的药膳，人参、枸杞、红枣不一而足；但更多的偏爱清香扑鼻的碧螺春，在悠悠的丝竹声中神往太湖三山的青山碧浪、闲云野鹤。一边品茗，开胃的小吃依次呈上桌面：

冰糖葫芦：一串五个山楂，红艳艳的，山楂上面开了口，寓意"笑口常开"。

乌饭凉粉：一碗的凉粉拌上咸辣佐酱，清爽而不腻，一黑一白、一糯一滑，两者倒真是"绝配"。

鸭血汤：鸭血入口，粉嫩爽滑，细看碗中汤，翠绿的芫荽，晶莹的粉丝，沉浮的一些细碎的鸭胗、鸭肠、鸭肝。这般精致，百般滋味，万种风情，让人沉醉痴迷。

小香干、五香豆：一杯清茶，一盘瓜子，一些微风，一些懒散，窗外荡漾的河水不知映衬了几多的如烟往事，当年的十里秦淮，又是何种的繁花似锦，烟波流转。

(二) 安徽名吃

安徽是中国史前文明的重要发祥地之一。安徽气候资源丰富，充沛的光、热、水资源，有利于农、林、牧、渔业的发展。徽菜讲究火功，以善于烹制山珍海味而闻名，朴素实惠。

安徽名吃有：

方腊鱼：用鳜鱼采用多种烹调方法精制而成。此菜造型奇特，口味多样。鳜鱼在盘中昂首翘尾，有乘万顷波涛腾跃之势，是不可多得的黄山佳肴。

相传北宋末年，方腊组织群众起义，反抗赵宋王朝，半年时间便已威震东南。宋王朝集中了数十万军队对方腊起义军进行反扑，因寡不敌众，起义军便登上齐云山独耸峰。官兵攻山不上，便在山下驻扎，欲将起义军困死于山上。

方腊在山上为此着急，但见山上有一水池，池中鱼虾颇多，便心生一计，命大家把鱼虾捕出投向山下，以此迷惑敌人。宋朝官兵误认山上粮草充足，不宜久围，便撤军西去。

方腊鱼就是人们为纪念农民起义英雄方腊而创制的，菜肴色、香、味、形俱佳，人们品尝名肴，缅怀旧事，可谓相映成趣。

曹操鸡：又称"逍遥鸡"，合肥名菜。相传曹操屯兵庐州逍遥津，因军政事务繁忙，操劳过度，卧床不起。治疗过程中，厨师按医生嘱咐在鸡内添加中药，烹制成药膳鸡，曹操食后病情日趋好转，并常要吃这种鸡，后来这道菜就被人们称为"曹操鸡"。其制作须选用1000克左右仔鸡，宰后风干，上料油炸，放入二十多味中药和香料制成的卤汤里卤制，然后再入原汁卤缸闷制。出锅成品色泽红润，香气浓郁，皮脆油亮，造型美观。吃时抖腿掉肉，骨酥肉烂，滋味特美，且食后余香满口，独具风味。

符离集烧鸡：闻名中外的符离集烧鸡，产于安徽省宿州市北30里位于京沪铁路大动脉上的符离镇，已有八十多年的制作历史，它以独特的风味，闻名遐迩。

符离集烧鸡的制作工艺十分精细。选本地当年肥健壮麻鸡，且以公鸡为良。宰杀前需饮清水并洗净鸡身，然后"别"好晾干用饴糖涂抹，香油（麻油）烹炸，再配上砂仁、白芷、肉蔻、丁香、辛夷、元茴等十三种名贵香料，放在保留数十年的陈年老汤锅里，先用猛火高温卤煮，再经文火回酥四至六小时方可捞出。这样制作出来的烧鸡，香气扑鼻，色佳味美，肉质白嫩，肥而不腻，肉烂而丝连，骨酥，嚼之即碎，有余香。

（三）江西名吃

江西地处中国东南偏中部长江中下游南岸，自古以来江西人文荟萃、物产富饶，有"文章节义之邦，白鹤鱼米之国"的美誉。

江西名吃有：

瓦罐煨汤：是赣菜的代表，至今已有一千多

年的历史。在高达三米多的瓦缸内一层一层摞着小瓦罐，内装土鸡、蛇、龟、天麻、猴头菇等原料，下以硬质木炭恒温煨制，达七小时之多。由于这缸中之罐是用气的热量传递，故避免了直接煲炖的火气，煨出的汤鲜香淳浓，滋补不上火。各色汤品煨好端上来，上桌后罐口仍封着锡纸，一揭开香气扑鼻，汤水特别浓且醇厚。瓦罐汤之所以味道特别好，奥秘在于瓦罐具有吸水性、通气性和不耐热等特点，原料在瓦罐内长时间低温封闭受热，养分充分溢出，因此汤品原汁原味而软烂鲜香。

流浪鸡：传说朱元璋和陈友谅在鄱阳湖交战，朱元璋兵败康山，人饥马乏，当时有个赣州厨师将鸡宰杀，拔毛开膛去除内脏，在清水中煮熟，然后切成条块，用蒜泥、辣椒粉、姜末、香油浇盖，朱元璋吃后赞不绝口，因正当兵败落魄之时，而赐名"流浪鸡"。流浪鸡的特点是鸡肉鲜嫩、色泽淡雅、味道清香且带有辣味，色香味俱佳。

中华饮食

四、珠江流域食区

珠江是我国南方的大河，流经云南、贵州、广西、广东、湖南、江西等省。珠江流域北靠五岭，南临南海，西部为云贵高原，中部丘陵、盆地相间，东南部为三角洲冲积平原，地势西北高，东南低。珠江流域是主要受粤菜影响的食区，包括广东、福建、海南。

（一）广东名吃

广东位于岭南，北依南岭山脉，东北横亘武夷山脉，南临南海，全境北高南低，起落有致。境内自然资源丰富，动植物种类繁多。

广东古称百越之地，有少数民族传统的血脉。历史上，北方汉民南迁至广东，与当地的百越族群杂居，使内陆文化与当地土著文化相交融。同时广东临靠南海，不断受海洋文化影响，并长期与周围及外来文化互相交流。这就使广东产生了独特的文化气质，广东人也因此形成了独特的性格，既具有开拓的外向型"海派"冒险精神，又具有内敛的中原古风的保守特征。

广东人具有开拓进取、生机勃勃的冒险精神，在饮食上"什么都敢吃"，而良好的自然资源又为这种意识提供了丰富的物质基础。广东人充分发挥出无边的想象力和冒险精神，飞禽走兽，海鲜水产，山珍野味，老鼠、蝎子、蚂蚁、龙虱、蚕蛹，可谓无所不吃。此正是："蛇虫鼠蚁，无不可食，十二生肖，一一吃去，龙者无非大蛇耳。"

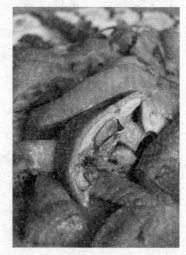

广东尽管深受外来以及西方文化的影响，但其语言、饮食、家族观念等仍保留了较多的传统文化色彩。需要提一下的是广东的茶楼文化，广东大街小巷茶楼林立，饮茶分早午晚市，早茶天天饮。如今全国各地都有酒楼开设早茶，却没有哪个城市像广州这样普及。

广东人心态平和，开放大气，又极富创造力。这就使得粤菜吸纳性极强，海纳百川，取长补短，吸收其他菜系的特色精华，粤菜得以不断发展壮大。

广东人善良风趣，勤劳务实，注重礼俗，有极强的平民意识。广东人常说："英雄莫问出处。人人平等，只要敢拼搏，终有出头之日。"于是广东的平民小吃众多，仅早茶时的粥品就有白粥、皮蛋瘦肉粥、猪肝粥、猪红粥、艇仔粥、鸡粥、田鸡粥等，品种多不胜数，其中艇仔粥最为著名。广州人又爱喝汤，这也是闷热出汗、补充身体水分的需要。

1. 食在广州

有人说："生在苏州，长在杭州，吃在广州，死在柳州。"生长在苏杭，因为"上有天堂，下有苏杭"。死在柳州，因为柳州的棺木质量好。而吃在广州，正因广州名吃极多。

广州人爱吃，人不分男女、老少、贫富；地不分东、西、南、北，皆爱吃。广州人吃出了兴旺发达的饮食业，吃出了四大菜系之一的粤菜，吃出了纵横街市的饭店、食肆，更吃出了精神，吃出了品牌，吃出了"食在广州"的美誉。

广州人爱吃海鲜，所以酒楼常将鲜活品养在店内，饭店的装潢好似一个巨大的水族馆，望着各种生猛海鲜游弋其中，让人有种时空交错的感觉。在这里不仅是吃海鲜，更是享受一种饮食氛围。吃蛇是广东的一种传统和民俗，古人吃蛇多为了治病，不仅美味而且富含营养，富有医疗滋补作用。

当场观看各种生猛海鲜被宰杀的场景，那叫一个刺激。一条蟒蛇、一条大鱼，手起刀落，鲜血四溅，叹曰："我不杀伯仁，伯仁却因我而死。"至于品尝之后，刚才的"血雨腥风"就被喷香的美食美感占据，只剩欣喜的味蕾享受了。

2. 粤菜

粤菜分为广州菜、潮州菜和客家菜三大类。

广州菜流行范围广泛，省内包括珠江三角洲、西江和北江流域、雷州半岛等地，省外则有港澳台、海南岛及广西部分地区。广州菜偏重于菜肴的质和味，选料繁杂讲究鲜嫩，味道清香且爽滑。广州菜擅长小炒，尤其讲究"镬气"，即火候及油温，并讲究现炒现吃，以保持菜肴的色、香、味、形。

潮州菜发源于韩江平原，以烹制海鲜见长，因为注重食物的真性真味而特别强调口味的清淡，喜食蚝生、鱼生、虾生等。因为讲究原汁原味，潮州菜中的汤菜也别具特色，非常的清、鲜。甜菜比较多，款式达上百种。

客家菜以惠州菜为代表，主料多用三鸟、畜肉，基本上很少配用菜蔬，河鲜海产也不多，客家菜以油重、味咸、浓香著称。客家人做菜往往每煮一道菜都要洗一次锅，以避免菜肴相互串味。

3.粤菜名品

龙虎斗：龙是蛇，虎是猫。龙虎斗有很多种，最名贵的是"龙凤虎"。龙必须是眼镜蛇或眼镜王蛇，凤是鸡，虎则是果子狸。三种珍品制成羹，加上冬菇丝作配料。

烤乳猪：是广州最著名的特色菜。特点是色泽红润、光滑如镜、皮脆肉嫩、香而不腻。

早在西周时此菜已被列为"八珍"之一，那时称为"炮豚"。关于烤乳猪还有个有趣的传说。古时有户人家院里着火，火势凶猛，必必剥剥，很快就烈焰冲天，把院里的东西烧了个精光。主人赶回家，只见一片废墟，不由得唏嘘不已。忽然一阵香味扑鼻，主人循着香味找去，发现原来是从一只烧焦的小猪身上发出来的。主人看那小猪另一面，皮烤得红扑扑的。他尝了尝，味道很好。烧了院子很让人伤心，但却发明了吃猪肉的新方法。

红烧大裙翅：鱼翅是鲨鱼鳍的干制品，大裙翅取自大鲨鱼的全鳍。粤菜的大裙翅分作三围，鱼背近头部的前鳍称头围；近尾部的后鳍称二围；尾端的尾鳍称三围。裙翅是鱼翅中的上品。在高级海味中，鱼翅入馔是最晚的。

明代刘若愚在《明宫史》中说："先帝最喜用炙蛤蜊、炒鲜虾、田鸡腿及笋鸡脯。又海参、鳆鱼、鲨鱼筋、肥鸡、猪蹄共烩一处，名曰'三事'恒喜用焉。"这里所说的鲨鱼筋，可能就是鱼翅。《潜确类书》里也有类似记载"湖鲨青色，背上有沙鳍。泡去外皮，有丝作胲，莹若银丝。"

清代袁枚以其正名列入《随园食单·海鲜单》。光绪时胡子晋在《广州竹枝词》中写道："由来好食广州称，式家家别样矜。鱼翅干烧银六十，人人休说贵联升。"并注云"干烧鱼翅每贵碗六十元。联升在西门卫边街，乃著名之老酒楼，然近日如南关之南园，西关之漠舠，惠爱路之玉醪春，亦脍人口也。"19世纪30年代，广州大三元酒家以红烧大裙翅闻名，售价也达六十大洋。

烧鹅：广州传统的烧烤肉食。烧鹅源于烧鸭，鹅以中、小个的清远黑棕鹅为优，去翼、脚、内脏的整鹅，吹气，涂五香料，缝肚，滚水烫皮，过冷水，糖水匀皮，晾风而后腌制，最后挂在烤炉里或明火上转动烤成，斩件上碟，便可进食。烧鹅色泽金红，味美可口。广州市面上烧鹅店铺众多，最为有名的是长堤的裕记烧鹅饭店的烧鹅和黄埔区长洲岛上的深井烧鹅。

五蛇羹：粤菜中著名的蛇宴菜式之一，由晚清广东翰林江孔殷发明。江孔殷别名江虾，祖上为商贾。于1904年科举中殿试二甲进士，朝考选入庶吉士进入翰林院，故被称为"江太史"，曾任广东道台、广东水师提督等职位。辛亥革命后，江太史退出政坛而从商，以其广州的大宅"太史第"经营酒楼，经常食客盈门，高朋满座，太史五蛇羹即是其招牌名菜。

羹主要以蛇为材料，加入鲍鱼、鲜笋、木耳、香菇、鸡等煮成汤。将原材料捞起用手撕成丝状，用纱布将汤滤清后，勾茨粉推成羹。当中的五蛇包括：眼镜蛇、金环蛇、银环蛇、水律蛇、大黄蛇。吃时加入菊花丝和柠檬叶丝，味道鲜美绝伦、浓郁芳香，超凡脱俗的口感令人大快朵颐。太史五蛇羹具有活血补气、强壮神经、舒筋活络、祛风除湿等功效，深受中老年人士欢迎。

护国菜：潮州名菜，相传1278年，宋朝最后一个皇帝——赵昺南逃到潮州，寄宿在一座深山古庙里。庙中僧人听说是宋朝的皇帝，对他十分恭敬，看到他一路上疲劳不堪，又饥又饿，便采摘了一些新鲜的番薯叶子，去掉苦叶，制成汤菜。皇帝正饥渴交加，看到这菜碧绿清香，吃着又软滑鲜美，很是赞赏。皇帝为记取寺僧保护自己，保护宋朝之功，就封此菜为"护国菜"，一直延传至今。

中华饮食

（二）港澳名吃

粤港文化同宗同源，香港本地秉承中原传统。由于其特殊的殖民历史，香港历尽欧风美雨侵袭，华洋混杂，中西交融。在此背景影响下，饮食风格自然兼具古老与新锐、现代与传统的特色。澳门食风也深受中葡两国影响，在彼此的结合下形成了独具特色的饮食风格。

港澳小吃有：

糖不甩：又名"如意果"，是汤圆的孪生兄弟，加姜汁特别祛寒正气。糖不甩的由来，据传还跟八仙有关。清朝道光十九年，广东东莞东坑镇一带很多人吸食鸦片。初春二月二，由于流毒泛滥，民不聊生，赶往东坑过"卖身节"受财主雇佣的男丁精壮无几，大都是面黄肌瘦，劳力退减。吕洞宾闻讯后连忙打制治瘾灵丹，普度众生。但良药苦口，再者私自下凡，乃冒犯天条。于是吕仙人把仙丹藏于熟糯粉丸内，配以糖浆煮成甜滑、可口的糖不甩（取之"糖粉粘丹不分离"之意），摇身变成一个挑担叫卖的老翁，从街头到墟尾实行半卖半送。众人吃后，果真杀住了鸦片流毒，体力、智力恢复。农历廿四节气倒背如流，东坑糖不甩因此而名扬远近。

糖不甩做法简易。直接把糯米粉煮熟，挪搓成粉丸，在铁锅中用滚热的糖浆煮熟，然后撒上碾碎的炒花生或切成丝的煎鸡蛋拌食，口感酥滑香甜、醒胃而不腻、味香四溢、老少皆宜。

菠萝包：是源自香港的一种甜味面包，据说是因为菠萝包经烘焙过后表面金黄、凹凸的脆皮状似菠萝而得名。

菠萝包实际上并没有菠萝的成分，面包中间亦没有馅料。菠萝包据传是因为早年香港人对原来的包子不满意，认为味道不足，因此在包子上加上砂糖等甜味馅料而成。菠萝包外层表面的脆皮，一般由砂糖、鸡蛋、面粉与猪油烘制而成，是菠萝包的灵魂。趁热食用，酥皮香脆甜美，包身则松软好吃。

菠萝包是香港最普遍的面包之一，差不多每一间香港饼店都有售，而不少茶餐厅、冰室亦有供应。

如今除了香港，菠萝包在中国南部地区都很普遍。

猪扒包：猪扒包的"猪扒"就是"猪排"，顾名思义，就是一个涂上牛油的面包里面夹着一块猪排。猪排通常是煎熟或油炸，但亦有以水灼后再煎熟。猪扒包是澳门有名的小吃，当中以位于氹仔的大利来记猪扒包最有名。此店每日下午三时出炉限量发售。不少游客为一尝猪扒包，都会提早于店铺前等候。由于限量发售，每当假期及旅游旺季，猪扒包都会供不应求。

（三）福建名吃

福建地处我国东南部，历史悠久，属古越族的一支，被称为"东越"。福建人遍布世界五大洲，海外华侨多为福建人。由此可见，福建人好漂泊闯荡。福建人相信"敢死提去食，敢拼才会赢"，颇有拼搏精神。

福建名吃有：

佛跳墙：福州一道集山珍海味之大全的传统名菜，誉满中外，被各地烹饪界列为福建菜谱的"首席菜"，至今已有百余年的历史。佛跳墙的原料有十八种之多：海参、鲍鱼、鱼翅、干贝、鱼唇、花胶、蛏子、火腿、猪肚、羊肘、蹄尖、蹄筋、鸡脯、鸭脯、鸡肫、鸭肫、冬菇、冬笋等。以十八种主料、十二种辅料互为融合，几乎囊括了人间美食，烹调工艺也非常繁复。有补虚养身，调理营养不良的功效。

据传清朝同治末年，福州官钱庄一位官员设家宴请福建布政司周莲，他的绍兴籍夫人亲自下厨做了一道菜，名叫"福寿全"，内有鸡、鸭肉和几种海产，一并放在盛绍兴酒的酒坛内煨制而成。周莲吃后赞不绝口，遂命衙厨郑春发仿制，郑春发登门求教，并在用料上加以改革，多用海鲜，少用肉类，使菜越发荤香可口。以后郑春发离开周莲衙府，集资经营聚春园菜馆，"福寿全"成了这家菜馆的主打菜。只因福州话"福寿全"与"佛跳墙"的发音相似，久而久之，"福寿全"就被"佛跳墙"取而代之，并名扬四海了。

西施舌：传说春秋时，越王勾践借助美女西施之力，用美人计灭了吴国。

大局既定，越王正想接西施回国，但王后怕西施回国会受宠，威胁到自己的地位，便叫人绑在西施背上一巨石，沉于江底。西施死后化为贝壳类"沙蛤"，只要有人找到她，她便吐出丁香小舌，尽诉冤情。

（四）台湾名吃

台湾省位于中国东南沿海的大陆架上，自古有"扼台湾之要，为东南门户"之称。台湾有丰富的水力、森林、渔业资源。

闽客饮食文化是台湾最主要的饮食文化，是从福建与广东饮食文化发展而来的。今天的"台湾菜"主要特色是强调海鲜，另外与福建、广东一样，台湾具有浓厚的饮茶文化。台湾特殊风味的小吃包罗万象，结合了台湾本地与大陆各地的特色。

台湾名吃有：

蚵仔煎：许多台湾小吃，其实都是先民困苦，在无法饱食下所发明的替代粮食，是一种贫苦生活的象征。蚵仔煎据传就是这样一种在贫穷时发明的料理，其口味以台南安平、嘉义东石或屏东东港这些盛产蚵仔的地方最地道。

它最早的名字叫"煎食追"，是台南安平一带老辈人都知道的传统点心，是以加水后的番薯粉浆包裹蚵仔、猪肉、香菇等杂七杂八的食材煎成的饼状物。

民间传闻，1661年荷兰军队占领台南，郑成功从鹿耳门率兵攻入，意欲收复失土。郑军势如破竹大败荷军，荷军在一怒之下，把米粮全都藏匿起来。郑军在缺粮之余急中生智，索性就地取材将台湾特产蚵仔、番薯粉混合加水煎成饼吃，想不到竟流传后世，成了风靡全省的小吃。

天妇罗：意指"炸的东西"，其实就是甜不辣，是基隆庙口最负盛名的小吃之一。以鱼浆加上面粉、太白粉，再以糖、盐调味，用机器搅匀后，再用手捏制成形丢进油锅，配上甜酱、小黄瓜，即是一份香酥可口的美食。

（五）海南名吃

海南岛是中国南海上的一颗璀璨的明珠，是仅次于台湾的全国第二大岛。海南岛是中国唯一的热带海岛省份，被称为世界上"少有的几块未被污染的净土"。

海南有四大名菜，分别是文昌鸡、加积鸭、和乐蟹和东山羊。

文昌鸡：海南最负盛名的传统名菜。文昌鸡是一种优质育肥鸡，因产于海南文昌县而得名。相传明代有一文昌人在朝为官，回京时带了几只文昌鸡请皇上品尝。皇帝尝后称赞："鸡出文化之乡，人杰地灵，文化昌盛，鸡亦香甜，真乃文昌鸡也！"文昌鸡由此得名。因村野之鸡受皇上天子赐名，村舍荣光，该村得名天赐村。天赐村中最早养鸡的人姓蔡，故文昌鸡亦称蔡氏鸡。

加积鸭：是琼籍华侨早年从国外引进的良种鸭，其养鸭方法特别讲究：先是给小鸭喂食淡水小鱼虾或蚯蚓、蟑螂，约两个月后，小鸭羽毛初上时，再以小圈圈养，缩小其活动范围，并用米饭、米碎掺和捏成小团块填喂，二十天后便长成肉鸭。其特点是：鸭肉肥厚，皮白滑脆，皮肉之间夹一薄层脂肪，特别甘美。加积鸭的烹制方法有多种，但以白切最能体现原滋原味，因此最为有名。

和乐蟹：产于海南万宁县和乐镇，以甲壳坚硬、肉肥膏满著称。和乐蟹的烹调法多种多样，蒸、煮、炒、烤，均具特色，尤以"清蒸"为佳，既保持原味之鲜，又兼原色形之美。

东山羊：用特产万宁东山岭的东山羊肉，配以各种香料、味料，经过滚、炸、纹、蒸、扣等多种烹调法精制而成。

临高乳猪：临高乳猪因产于海南北部的临高县而得名。以皮脆、肉细、骨酥、味香而闻名，不管是烤、焖、炒、蒸皆可口，但以烧烤最佳。烤一只乳猪约四五个小时，烤出来的乳猪全身焦黄、油光可鉴、散发着浓郁香味。

中华饮食

中华饮食老字号

  中华老字号是指历史悠久，拥有世代传承的产品、技艺或服务，具有鲜明的中华民族传承文化背景和深厚的文化底蕴，取得社会广泛认同，形成良好信誉的品牌。这里主要介绍中国饮食中的中华老字号，涉及特色饭庄、面食、糕点、肉、酱菜、调味品、酒、茶及果品九大类，并从中选取有代表性的老字号进行介绍，希望能对读者提供一些有价值的借鉴和参考。

一、特色饭庄

中华老字号是指历史悠久，拥有世代传承的产品、技艺或服务，具有鲜明的中华民族传统文化背景和深厚的文化底蕴，取得社会广泛认同，形成良好信誉的品牌。本书主要介绍中国饮食中的中华老字号，涉及特色饭庄、面食、糕点、肉、酱菜、调味品、酒、茶、糖及果品九大类，并从中选取有代表性的老字号进行介绍，希望能对读者提供一些有价值的借鉴和参考。

（一）　北京东来顺

东来顺饭庄是北京饮食业老字号中享有盛誉的一个历史名店，东来顺的品牌，经过一百多年的发展，如今已成为京华饮食菜系中的标志性品牌和享誉海内外的"中国驰名商标"。

东来顺饭庄以经营涮羊肉而久负盛名，多年来一直保持选料精、加工细、作料全、火力旺等特点。羊肉只选用内蒙古自治区锡林郭勒盟所产的经过阉割的优质小尾黑头绵羊的上脑、大三岔、小三岔、磨档、黄瓜条五个部位。切出的肉片更以薄、匀、齐、美著称，500克肉可切20厘米长8厘米宽的肉片80到100片，每片仅重4.5克，且片片对折，纹理清晰，"薄如纸、匀如晶、齐如线、美如花"，投入海米口蘑汤中一涮就熟，吃起来又香又嫩，不膻不腻。涮羊肉时用的作料包括芝麻酱、绍酒、酱豆腐、腌韭菜花、卤虾油、酱油、辣椒油及葱花、香菜等，集香、咸、辣、卤、糟、鲜等多种口味为一体，加上自制的白皮糖蒜和芝麻烧饼，吃起来醇香味厚，口感独特。饭庄在数十年前率先使用的涮肉火锅身高膛大，容炭多而不飞灰，底部的铁箅子粗而疏，易于通风供氧，保证炭

中华饮食

火始终硬旺。除涮肉外，饭庄还经营多种清真炒菜，其代表菜品有干爆羊肉、烤羊肉串、它似蜜、鸡茸银耳、烤羊腿、白汤杂碎、手抓羊肉、炸羊尾及烤鸭等二百余种，此外，奶油炸糕、核桃酪等风味小吃也颇有特色。

东来顺的创始人是一个名叫丁德山的回民。1903 年，他在东安市场里摆摊出售羊肉杂面和荞麦面切糕，以后又增添了贴饼子和粥。由于生意日渐兴隆，他便取"来自京东，一切顺利"的意思，正式挂起了"东来顺粥摊"的招牌。1914 年增添了爆、烤、涮羊肉和炒菜，同时把店名更改为"东来顺羊肉馆"，又想方设法用高报酬"挖"来前门外正阳楼饭庄的一位名厨帮工传艺，从而使东来顺的羊肉刀工精湛，切出后铺在青花瓷盘里，盘上的花纹透过肉片隐约可见。到 20 世纪 30、40 年代，东来顺的涮羊肉已经驰名京城，每年旺季销出的羊肉在五万公斤以上；1942 年，东来顺的竞争对手正阳楼倒闭，东来顺从此首屈一指，独占鳌头；1989 年该店的涮羊肉荣获商业部系统优质产品金鼎奖；1994 年在首届全国清真烹饪技术竞赛中，又被认定为清真名牌风味食品。从此以后，东来顺始终致力于维护清真餐饮习俗，在继承发扬中华传统饮食文化精华的基础上不断创新，开发出了涮、炒、爆、烤四大系列多个品种的美味佳肴，集中展现了中华美食文化中"盛情"、"典雅"、"精美"、"奇异"、"华贵"的独特风味和民族风情，尤其以"一菜成席"而驰名中外的东来顺涮羊肉，更是将美食、美味、美器、美好的服务合为一体，给到过东来顺的宾客留下了难以忘怀的美好记忆。

现在，东来顺的涮羊肉更是声名远播，它不仅融汇着中华民族传统饮食文化的精髓，也成为向世界展示中华民族饮食文化独特风采和多样性的一个亮丽窗口。东来顺饭庄不仅成为普通群众品尝清真风味佳肴的就餐场所，也是社会名流荟萃的风雅之地，同时还经常承担党和国家领导人宴请外国元首、政要的任务，并为国家开展外交活动和增进与世界人民的友谊做出过不小的贡献。著名作家老舍和夫人胡洁青，国画大师齐白石，京剧大师马连良、张君秋等前辈名人，生前经常在东来顺宴请宾朋，并为

中华饮食老字号

东来顺留下墨宝。党和国家领导人周恩来、邓小平、叶剑英、陈毅等，生前也多次在东来顺设宴招待外国元首和政要。

东来顺以其百年历史和独树一帜的清真餐饮文化以及享誉全国的东来顺品牌，成为中国饮食文化中名副其实的老字号。

（二）　北京都一处

提起都一处的烧卖，北京城无人不晓。都一处烧卖馆坐落在繁华的前门大街 36 号，始建于乾隆三年(1738 年)，距今已有二百五十多年的历史，是一个有着悠久历史的中华老字号。

烧卖是我国民间的传统食品，又称烧麦、肖米、稍麦、稍梅、烧梅、鬼蓬头（形容顶端蓬松束折如花的形状），是一种以烫面为皮，裹馅上笼蒸熟的面食小吃。烧卖源起元大都，在中国土生土长，历史相当悠久。现在中国南北方都有，在江苏、浙江、广东、广西一带，人们把它叫做烧卖，而在北京等地则将它称为烧麦。都一处的烧卖可谓一绝，其形如石榴，洁白晶莹，馅多皮薄，醇香可口。

都一处起初叫"王记酒铺"，由山西人王瑞福创办。关于"都一处"牌匾的来历，还有一段传奇的故事。据说在乾隆十七年（1752 年），乾隆皇帝到通州私访，回京城时走进永定门，来到前门一带。这一天正是农历大年三十，当时天色已经很晚了，老百姓都带着齐备的年货，从四面八方赶回家吃团圆饭。店铺早已关门，只有王瑞福开的这家酒铺仍然在开门营业，于是乾隆皇帝三个人便走进了这家酒铺。王瑞福一看这三位客人衣帽整洁，仪表不俗，又从衣着表情上猜出他们是一主二仆的身份。王瑞福凭着十几年经营酒铺的经验，连忙把三位客人让到楼上，把店中的洋酒"佛手露"和酒铺自制的几样拿手凉菜"糟肉"、"凉肉"、"马莲肉"一齐端上桌来，亲自为三人斟酒，并站在一旁伺候。

中华饮食

三个人喝完酒，尝过菜以后，其中一位客人问店家："你这小店叫什么名字？"王瑞福赶忙回答："小店没有名字。"这位客人听见此时楼外鞭炮齐鸣，想到家家户户已在欢度新春，便生出几分感慨，感激地说："这个时候还开门营业，京都只有你们这一处了，就叫'都一处'吧。"王瑞福当时听了并没太在意，可没过几天，几个太监送来了一块"都一处"的虎头匾，并对王瑞福说，这块匾是当朝皇帝御笔赏赐的，大年三十晚上来吃饭的三位客人中，主人打扮的就是当今皇上。王瑞福听完连忙朝天叩拜，立即将匾挂在进门最显眼的地方。从此，"王记酒铺"便改名叫"都一处"了。

"都一处"自从乾隆赐匾后，生意非常兴隆，除了酒类和凉菜，又新添加了数十种炒菜以及烧卖、炸三角、饺子、馅饼等面食。许多人争相来此观看御匾，用餐后都要在御匾前合影留念，这种盛况一直延续到现在。曾经有人做诗赞曰："都城老铺烧麦王，一块黄匾赐辉煌。处地临街多贵客，鲜香味美共来尝。"短短二十八个字，把"都一处"的历史，经营特色，所制烧卖的鲜、香、味、美，都一一说出来了，最后两句还告诉大家："都一处"临街开店，交通方便，号召大家都来品尝"都一处"的品牌食品——烧卖。

随着时光的流逝，都一处经历了多次变迁。近年来，该店在继承传统美味的基础上不断创新，吸引着广大中外宾客，以其"名店、名点、人文、民俗文化"向世人展示着百年老店的崭新风貌。

（三）　北京鸿宾楼

鸿宾楼饭庄创建于清朝咸丰三年（1853 年），至今已有一百五十多年的历史，鸿宾楼是以《礼记》中的"鸿来宾"定名的，它原址在天津，以经营清真风味菜为特色。1955年应周总理之邀入京，以其独特的菜品享誉京城，被社会各界誉为

"京城清真餐饮第一楼"，"聚会天下鸿宾满楼，誉载京华脍炙人口"。

鸿宾楼有"清真三绝"，第一绝就是全羊席。鸿宾楼开业之初，门口悬挂两块铜匾，其中之一就是全羊大菜也就是全羊席。到了光绪年间，鸿宾楼的全羊菜已被饮食界公认。据说，慈禧太后出宫巡游时，曾经点名要吃鸿宾楼的全羊大菜。后来，慈禧六十大寿时，宫内以鸿宾楼的一百零八道全羊席为其祝寿。全羊席不仅烹饪技法独到，饮食口味丰富，最过人之处是其丰厚的文化内涵。全羊席菜以不见一个"羊"字而冠名，如望风坡、龙门角、蜜肥糕、焦溜脆、灯笼鼓、鞭打绣球、夜明珠……都是一些好听的菜名，这是遵循伊斯兰教规和穆斯林的生活习俗，使物得美名的一种饮食文化传统。

笃法制菜可以说是鸿宾楼的独家做法。所谓笃法，就是用小火烧煮使原料入味的烹调方法，因烹制时锅内有咕嘟的声音，由此借声而得名。鸿宾楼老辈名厨汲取津门普遍流行的烧、炖、扒三法的精粹，进京后结合北京人口味的特点研制出这种方法。用笃法烹制的菜肴色泽金黄红亮、口味鲜香醇厚、质地滑油松软、形状整齐美观，食后盘中只微有油汁而无芡、汤。鸿宾楼还有一道头牌看家菜——砂锅羊头，羊头在清真餐馆里算不上什么高档原料，而在鸿宾楼几代厨师努力下却能制成众口皆赞的风味名馔。这道传统名菜一端上桌面，人们便觉得一股香气迎面而来。尝一尝汤中软烂的羊头肉、绵润的鱼肚和脆嫩的鱼骨，确是鲜美醇香，回味无穷。

关于鸿宾楼还有许多奇闻轶事，其中最著名的就是鸿宾楼的金匾里藏着"三迷"。这块金匾由清代两榜进士于泽久题写，用六百二十五克黄金铸造，这也是京城老字号中唯一的一块金匾。不过，这块匾最吸引人的地方，不仅是黄金铸造，而是匾中的"三谜"。第一谜：两榜进士于泽久在匾中写了"错别字"，繁体字的"鸿"字，右边繁体的鸟字下边应是四点底，但匾中"鸟"字却是三点底，这是为什么呢？有人说是借用了三点水下边的一点，这么有名的文人为什么要写错别字呢？第二谜：金匾上下无款，这在名家为商号所写牌匾中是十分罕见的。第三谜更具有神秘色彩：1998年秋，鸿宾楼迁至展览馆路11号现址时，店家将这块金匾送到荣宝斋见新。打开这块百年老匾时，从底板中竟然发现了一幅不知何人所画何人珍藏于其中的工笔画——牡丹美人图，作画时间是宣统年间。宣统皇帝在位时间只有三年，以宣统年间为标注留传后世的作品非常少。金匾藏"娇"之谜令人费解，匾中上下无款更是扑朔迷离。

中国大文豪郭沫若生前常在鸿宾楼宴请贵宾，并曾留有一首"藏头诗"："鸿宾来时风送暖，宾朋满座劝加餐。楼头赤帜红于火，好汉从来不畏难。"四句诗的头一个字，组成了"鸿宾楼好"，可见其对鸿宾楼的称赞和鸿宾楼的名不虚传。鸿宾楼在历史上，曾接待过清直隶总督荣禄、爱国将领张学良、张自忠；1949年后，曾接待过国家领导人以及重要外宾。鸿宾楼饭庄作为"中华老字号"，正如1983年爱新觉罗·溥杰先生为鸿宾楼题字所写的那样：琚楼一处名天下，妙艺八方飨鸿宾。

（四） 北京八大居

北京城里的饭庄按规模分为堂、庄、居、斋等，居与堂最大的区别在于只办宴席，不办堂会，因此相对规模较小，是古代一般官员或进京赶考举人的落脚之地。清末民初就开始扬名的北京八大居，即是如此。北京八大居包括：福兴居、万兴居、同兴居、东兴居、万福居、广和居、同和居、砂锅居，是值得一提的北京老字号。

北京八大居中又以砂锅居和广和居最为有名。砂锅居饭庄位于北京繁华的西四南大街路东，它开业于清乾隆年间，至今已有两百多年的历史了。砂锅居自从开业以来，直到民国年间，一直是营业半日，到中午十二时就停止营业。这也算是京城饭庄中的一个特例，所以北京城流传着一句歇后语"砂锅居买卖——过午不候"。砂锅居真正"过午不候"的原因，是它的"货"做不出

来。砂锅居卖的白肉，是头天晚上宰杀一口百十斤重的"京东鞭猪"，拾掇干净后，连夜放在一口直径四尺、深三尺的大铁锅中煮，第二天早晨正好熟透，八点开始营业，一上午就卖光了。由于一天只能卖一口猪，所以只能"过午不候"了。这一罕见的经营方式，却起到了无形中的广告宣传作用。

砂锅居饭庄经营的风味菜肴，全以猪肉为原料，厨师们擅用烧、燎、白煮等技法，因材施艺。一口猪从皮到肉从头至尾，乃至心、肝、肺、肚、肠等，可烹制出数十种菜品，如砂锅三白（砂锅白肉、砂锅白肠、砂锅白肚）、筒子肉、糊肘、芝麻丸子、凤眼肝、炸肥肠、炸鹿尾等。特别是砂锅三白，汤味浓厚、肉质鲜嫩、肥而不腻、瘦而不柴，形成了该店传统特色。当年的大砂锅如今已被数不清的小砂锅取代，以砂锅白肉为龙头的砂锅系列菜吸引着中外各界人士，人们皆以能品尝到砂锅居的风味菜而为乐事。白煮是砂锅居最富特色的烹调技法。将刮洗干净、去异味、去污沫后的猪肉、内脏放入一次放足清水的砂锅内，旺火烧开，微火慢煮（汤沸而不腾），脂肪溶于汤中，汤味浓厚，肉质酥嫩香烂，蘸着用酱油、蒜泥、韭菜花、辣椒油、豆腐乳、香油等调好的味汁食之，美味无穷。

广和居坐落在宣武门外菜市口附近的北半截胡同南口路东，是一套大四合院，临街三间房，南头半间为门洞，门洞正对院内南房的西北墙，墙上有砖刻的招牌，权当影壁。院内各房，都分成大小房间，个人独饮、三五小酌、正式宴会，各得其所。据《道咸以来朝野杂记》载："广和居在北半截胡同路东，历史最悠久，盖自道光中即有此馆，专为宣(武门)南士大夫设也。其肴品以炒腰花、潘氏青蒸鱼、四川辣鱼粉皮、清蒸干贝等，脍炙人口。故其他虽隘窄，屋宇甚低，而食客趋之若鹜焉。"

广和居最有名的是它的"三不粘"和"清宫它似蜜"。"三不粘"外形呈软稠流体状，似糕非糕，似羹非羹，用匙舀食时，它一不粘匙，二不粘盘，三不粘牙，清爽利口，因此而得名。"三不粘"用鸡蛋黄加工烹制而成，成菜色泽艳黄，绵软柔润，入口香甜。"它似蜜"始于清朝末年，原出自清宫御膳房。据说，有一次御厨用最嫩的羊里脊肉，给慈禧太后精心做了一道菜。慈禧太后食后觉得特别软嫩香甜，便召来厨师询问这个菜叫什么名字。厨师不敢贸然回答，就请慈禧太后赐名。慈禧太后顺口说了声"它似蜜一样甜"。于是"它似蜜"就成了这个菜的名称。"它似蜜"后来流传到民间，成为北京清真馆中的一道名菜。

二、 面食类

（一） 天津狗不理

"狗不理"是百年中华老字号，狗不理包子是闻名全国的天津特色风味小吃，位居"天津三绝"食品之首，被消费者誉为"津门老字号，中华第一包"。

天津人常常说："到天津来如果不吃狗不理包子，等于没来天津。"由这句话足见狗不理包子的名气。

狗不理包子色、香、味俱全，风味独特，之所以比一般的包子好吃，关键在于它用料精细、制作讲究。狗不理包子调馅很讲究，完全是用炖得极浓厚的骨头汤调馅，包子馅也选择精细，而且肥瘦搭配比例按照季节有所不同，冬天肥的较多，夏季肥的较少，春秋肥瘦各一半，这样的馅就不会肥腻，软嫩爽口。狗不理包子的制作也有严格的规格限制，包子馅切得细而匀，再用浓汤拌匀，用葱姜调味；发面不能太老，包子皮要擀得薄而带劲。包子馅不冒顶，不漏油。特别是外观精美，包子褶花匀称，每个包子都不少于十五个褶，一两面包三个，大小相同。刚出屉的包子，色白面柔，大小一致，底面薄厚相同，看上去如薄雾之中含苞待放的秋菊，爽眼舒心，咬一口，油水汪汪，香而不腻，味道十分鲜美。

狗不理包子的名称是有一定的来历的。清代咸丰年间，河北武清县杨村有一个叫高贵友的年轻人，他出生的时候父亲已经四十多岁了，可以说是老来得子，自然非常疼惜这个儿子。为了让儿子能够好养活，于是给他取了一个乳名为"狗子"。狗子14岁到天津学艺，在天津南运河边上的刘家蒸吃铺做小伙计。由于狗子聪明伶俐又勤奋好学，再有师傅们的精心指点，他做包子的手艺不断长进，很快就有了名气。后来，高贵友精通了做包子的各种手艺，就自己开办了一家专卖包子的小吃部——德聚号。高贵友手艺好，做包子货真价实，从不

中华饮食

掺假，制作的包子口感柔软，鲜香不腻，形状像菊花，色、香、味、形都独具特色，附近十里百里的人都慕名来吃包子，生意十分兴隆。由于来吃他包子的人越来越多，高贵友忙得顾不上跟顾客说话，这样一来，吃包子的人都戏说他"狗子卖包子，不理人。"久而久之，人们喊顺了嘴，都叫他"狗不理"，把他经营的包子称作"狗不理包子"，而原店铺字号则渐渐被人们淡忘了。

据说，袁世凯任直隶总督在天津编练新军时，为了奉承慈禧太后，曾经把狗不理包子作为贡品进京献给慈禧太后。慈禧太后品尝后非常高兴，随口说道："山中走兽云中雁，陆地牛羊海底鲜，不及狗不理香矣，食之长寿也。"从此，狗不理包子名声大振，逐渐在许多地方开设了分号。

狗不理包子铺到现在已有一百多年历史了，狗不理的名号越来越响亮，生意也越来越兴隆。现在，狗不理作为中华老字号，不仅接待国内的八方来客，还接待过一批又一批国外游者。

中华饮食老字号

（二）山东周村烧饼

大酥烧饼是山东省淄博市周村的特色小吃，至今已有一千八百多年的历史。据《资治通鉴》记载，汉桓帝延熹三年(160年)就有贩卖胡饼，即芝麻烧饼的人流落北海(今山东境内)。所以，周村烧饼是历史悠久的中华老字号。

周村人一般称当地的大酥烧饼为"香酥烧饼"或"大酥烧饼"等，周村烧饼以薄、香、酥、脆著称，以小麦粉、白砂糖、芝麻仁为原料，用传统工艺精工制作而成，是纯手工制品，营养丰富，老少皆宜。烧饼外形圆而色黄，正面贴满芝麻仁，背面有很多酥孔，薄得像杨树，入嘴即碎，满口香气，如果不小心落在地上，就会成为碎片，因此俗称"瓜拉叶子烧饼"。烧饼有咸甜味之分，甜的香甜可口，经常吃都不会厌烦；咸的让人食欲大开，不忍心放下。如果细分，有甜、五香、奶油、海鲜、麻辣、新鲜蔬菜等多个系列品种。蔬菜系列产品新

鲜蔬菜含量很高，营养丰富，口味纯正。周村烧饼还具有不油污、长久储藏不变色、不变味、容易携带等特点，是旅游充饥和馈赠亲友的佳品。

按照当前普遍的说法，周村烧饼起源于汉代的"胡饼"，至今已经有一千八百多年的生产历史。据史料记载，明朝中叶，周村商贾云集，多种小吃应时而生，"胡饼炉"此时传入周村，当地饮食店的师傅结合焦饼薄、香、脆的特点，加以改进，创造出脍炙人口的大酥烧饼，这就是当今周村烧饼的雏形。

周村烧饼现在具有薄、香、酥、脆的特点是一个名叫郭云龙的人改进的。郭师傅之前的烧饼都是很厚的。有一次，郭师傅在烤制当初厚厚的大酥烧饼时，偶然发现饼上面鼓起来的部分薄而香脆，加上芝麻，吃起来香而不腻。于是他大胆尝试烤制新品，果然受到大家喜爱。于是，便推广开来。1880年以后，"聚合斋"烧饼老店，即郭家烧饼店，首先使用纸包装，最终产品大都用印花纸包装，久藏不变质，所以沿袭至今。

清末皇室曾经多次把周村烧饼作为贡品，使周村烧饼闻名天下。当时山东省著名商号"八大祥"也专门成箱定购周村大酥烧饼发往埠外，作为馈送佳品。1951年前后，周村人民也曾经以周村烧饼为礼品，慰问抗美援朝前线的中国人民志愿军将士。现在，周村烧饼以其厚重的文化底蕴、良好的品质而成为山东省优质产品、中华名小吃，在中国饮食中占有一席之地。

三、 糕点类

（一） 北京稻香村

北京稻香村创建于 1895 年，是国家商务部首批认定的中华老字号，素有"糕点泰斗、饼业至尊"的美誉。每年的元宵节、端午节、中秋节，北京人都会去稻香村买元宵、粽子和月饼，而此时稻香村的门前总是站满了排队的人，成为北京的一道风景。稻香村是北京的中华老字号，主要卖的却是南味食品，而且在竞争激烈的北京饮食行业中经久不衰。

稻香村经营有自己传统特色的茶食糕点二十二大类，一百三十多个品种，其中常年品种七十个，时令品种六十多个，时令品种随四时八节时令变化而变换，获奖名牌产品十个。常年供应的著名茶食糕点有：猪油松子枣泥麻饼、杏仁酥、葱油桃酥、薄脆饼、洋钱饼、猪油松子酥、哈喱酥、豆沙饼、耳朵饼、袜底酥、玉带酥、鲜肉饺、盘香酥、牛皮糖，交切片等。著名的时令茶食糕点，春季有杏麻饼、酒酿饼、白糖雪饼、荤雪饼、春饼等；夏季有薄荷糕、印糕、茯苓糕、马蹄糕、蒸蛋糕、荤素绿豆糕、冰雪酥、夏酥糖、酸梅汁等；秋季有如意酥、巧果、佛手酥、各式苏式酥皮饼；冬季有核桃酥、酥皮八件等。同时，稻香村还生产糖果、野味、炒货、青盐蜜饯和西式糖果、饼干、罐头食品、乳品、饮料等。所以走进稻香村的门店，不仅能看到精细考究的各式糕点、新鲜的熟肉、用豆制品做成的几十种全素宫廷菜、各种干果炒货，还有在别处难得一见的江米酒酿、年糕、炒红果等传统美食。

稻香村的糕点不但应时新鲜、味形并重，而且用料和制作工艺都十分讲究，据说制作糕点的核桃仁要用山西汾阳的，

因为那里的核桃仁色白肉厚，香味浓郁，嚼在嘴里甜；玫瑰花要用京西妙峰山的，因为那里的玫瑰花花大瓣厚，气味芬芳，而且必须是在太阳没出来时带着露水采摘下来的；龙眼要用福建莆田的；火腿要用浙江金华的等等。做工讲究"凭眼"、"凭手"，例如熬糖何时可以端走全凭师傅的经验，早一分钟没到火候，晚一分钟火候又过了，这就是所谓的"凭眼"；"凭手"则是指将熬好的糖剪成各种形状，全是手工活儿。

稻香村原是长江中下游地区食品店常见的名字，为什么取名"稻香村"，有许多不同的说法，一种说法认为出自《红楼梦》，因为"稻香村"是《红楼梦》大观园中一处建筑的名字，是李纨守寡居住的地方，环境非常清幽。还有一种富有传奇色彩的说法，相传数百年前，江浙一带有一家卖熟食的小店，生意很不好。有一天晚上，小店里忽然来了一个讨饭的瘸腿汉子，老板见他残疾可怜，就送了一些东西给他吃，又见天色已晚，便在店内一个角落里铺上稻草，留他住宿。第二天早上，瘸腿汉子不辞而别，老板便把他睡过的稻草拿去烧火，没想到煮出的肉香味扑鼻。于是他大肆宣扬，说这个瘸子是"八仙"之一的铁拐李来到了人间，还将店名改为"稻香村"。从此，他的生意逐渐兴旺，"稻香村"这一字号也被人争相使用。1895 年，一个叫郭玉生的南京人带着几个精通南味食品制作工艺的伙计来到北京，在北京开创了第一家生产经营南味食品的糕点店，并用了"稻香村"这个名字，这就是现在北京稻香村的前身。

稻香村也是许多文化名人经常光顾的地方。有一次，冰心吴文藻夫妇来到店里，买了一些熟食和南糖，店伙计包好算账时，冰心夫妇才发现身上没有带钱。伙计跑上二楼请出了掌柜的。老掌柜一见是熟人，满脸笑意，忙说："东西您先拿去用，下次来一块算就行了！"多少年之后，冰心老人回忆起这件事情时，仍然对稻香村的诚信赞不绝口。1912 年 5 月，鲁迅先生来到北京，住在宣武区南半截胡同的绍兴会馆，这里离观音寺稻香村仅有两三里路。据《鲁迅日记》记载，从 1913 年到 1915 年短短两年多的时间里，鲁迅先生到稻香村买东西的次数就有十五次。

（二）　太原双合成

双合成是著名的中华老字号，山西食品业的著名品牌，以生产糕点而著称。经过一百多年的发展，形成了"中国味道、山西特色、双合成特质"的食品文化，在国内外享有很高的声誉。

双合成创立于1898年，即清末光绪二十四年。当时，法国人正在中国动工修建正太铁路，河北省保定市夏家庄人李洛金、张于端趁此机会，在铁路附近做贩卖熟鸡、熟鸭的小生意。后来，两人移到石家庄，在这里开了一家店铺，取"两人合办必能成功"的意思，字号定为"双合成"，生意很兴隆。不久，李洛金、张于端两人发生矛盾，分别开设"双合成"和"双合兴"两家店铺。民国元年，李洛金到太原开设分店，仍用"双合成"这个名字，这时的双合成只经营水果、罐头、盒装饼干等食品。民国十八年，双合成迁到太原柳巷53号，并且请当时著名书法家孙焕仑先生题写了黑底金字的"双合成"牌匾，开始自产自销月饼等点心，经过几代人的努力，终于发展为今天的双合成。

双合成一直以生产"晋饼"著称，双合成郭杜林晋式月饼尤为出名。此月饼波纹清晰，外观油亮，入口香馨，食之酥软，回味绵长，是晋式月饼的典型代表。关于双合成郭杜林晋式月饼的由来，还有一个有趣的故事。很久以前，太原的一家糕点铺有郭姓、杜姓、林姓三个师徒，有一天，师徒三人一起喝酒，越喝越起劲，最后都喝多了，结果耽误了大事，使和好的饼面发酵了。他们害怕店铺的主人责怪，就想了一个办法，往发酵的饼面中掺和生面，并加碱、油、糖等作料。让人意想不到的是，竟然制作出了口味独特的包馅饼，深受老百姓欢迎，生意越来越好。从此以后，这种包馅饼就成为太原、晋中一带的中秋佳品。后来，人们为了纪念这师徒三

人，就把这种包馅饼称为"郭杜林"。

现在，郭杜林月饼研究开发出中式系列、西式系列、娘家系列、感恩月饼系列、喜庆系列、文化主题系列六大产品类别，被国务院批准为国家级非物质文化遗产保护项目，拥有了"国饼"的桂冠，填补了山西没有国饼的空白，从而也使郭杜林晋式月饼走向全国，走向世界，形成了南有"广式"月饼、北有"晋式"月饼的国饼新格局。

今天，太原双合成在太原市有二十多个分店，全省有一百多个销售网点，产品还销售到上海、北京、郑州、石家庄、内蒙古、西安等地，成为山西最大的烘焙食品生产品牌。

（三）　天津桂发祥十八街麻花

麻花是中国传统食品，种类多样，其中天津桂发祥的麻花最为出名。天津桂发祥十八街麻花，是与狗不理包子、耳朵眼炸糕并称的"天津三绝"食品之一，桂发祥麻花是什锦夹馅麻花，其特点是香、酥、脆、甜，在干燥通风处放置数月不走味、不绵软、不变质。来天津旅游的国内外宾客，临走时都要带上几盒麻花，送给亲朋好友。

一百多年前，在天津卫海河西侧，繁华的小白楼南端，有一条名叫十八街的巷子，巷子里有一个麻花铺。这个麻花店的主人名叫刘老八，是一个非常精明的生意人，为了让自己的麻花独具特色，生意兴隆，他在麻花的配料、工艺、口感与外形上都颇费了一番心思，最终研制出了什锦大麻花。他选的麻花的主料是面粉、花生油和白糖，又加了桂花、青梅等十几种小料。制作过程需要发肥、熬糖、配料、制馅、和面、压条、劈条、对条、成型和炸制十道工序。麻花由十根细条组成，在白条和麻条中间夹一条含有桂花、糖姜片、桃仁、瓜条等多种小料的酥馅，拧成三个花，成为什锦夹馅大麻花。在炸制的过程中，根据面粉质量调整油酥大小，根据气温高低变化增减肥、碱剂量，保证投料配比。最后把麻花放进花生油锅里在微火上炸透，再夹上冰糖块，撒上青红丝、瓜条等小料。麻花酥脆香甜，胜似酥糖，很快受到人们的认可，刘老八的生意也越来越红火，名声越来越大，以至天津城没有人不知道。又因为这个麻花铺在东楼十八街，所以人们就叫它"十八街麻花"。

后来，十八街麻花由刘老八的两个徒弟范桂才和范桂林接手。他们兄弟俩分别开了"桂发祥"和"桂发成"两家麻花店，由于弟兄俩相互竞争，间接使得麻花的质量日臻完善，形成了自己独特的风味。后两家麻花铺合并，正式定名为"桂发祥"，保持和发展了什锦麻花的传统制作技艺，使十八街麻花远近驰名，成为著名的风味小吃。

桂发祥麻花参加过国内食品展会，并屡获大奖，这样，许多外国人都知道中国天津有这么一道美食，只要到天津来，一定要见识见识这出了名的大麻花，尝过桂发祥的麻花之后，往往还得再买一些带回去让亲朋好友也尝尝。于是，包装精美的桂发祥什锦麻花又成为馈赠亲朋好友的佳品。

如今的桂发祥集团除了制作传统什锦麻花外，还开发出黑芝麻、红果、椒盐等多种口味的小颗麻花，以及麻花球、麻花条等新品种，并创建了"艾伦"品牌，其开发生产出的艾伦西式甜点、中式宫廷点心、艾伦蛋糕、面包、干红葡萄酒、海鲜豆及节令食品——传统元宵、月饼等，也同样受到百姓们的喜爱。桂发祥十八街麻花作为天津代表性特产已经在北京、上海等省市建立销售网络，并作为民族经典食品远销美国、澳大利亚。

四、 肉类

（一） 北京天福号

　　天福号的酱肘子、酱肉是北京人的餐桌上必不可少的一道美食，天福号的酱肘子、酱肉肥而不腻，瘦而不柴，浓香醇厚，在北京城独树一帜，经久不衰，是久负盛名的中华老字号。

　　关于天福号的来历，还有一个有趣的故事。乾隆三年（1738年），山东地区出现旱灾，掖县人刘凤翔领着孙子带着做酱肉的手艺到北京谋生。他与一个山西商人合伙开了一家酱肉铺，经营酱肘子、酱肉和酱肚等，生意不错，但店铺一直没有名号。有一天，刘凤翔到市场进货，在旧货摊上看见一块旧匾，上面写着"天福号"三个颜体楷书，笔锋苍劲、有力。刘凤翔认为这三个字有"上天赐福"的

意思，很吉利，可以用作字号来招揽生意，就买了下来，回家粉漆装饰以后悬挂在店铺门上。这块牌匾果然使小店非常气派，从此，很多文人墨客常常停留在小店前品评"天福号"三个字的书法，顾客越来越多，小店的生意越来越兴隆。从此，"天福号"就成了这个肉铺的字号，并且在北京城传开了。

　　天福号特色产品酱肘子的来历，也有一个传奇故事。以前的肉铺都是晚上制作，白天出售。有一天晚上，刘凤翔让孙子刘抵明看守锅灶煮肘子，没想到刘抵明看着看着竟然睡着了，肘子煮过了火，全都粘在了锅里。两个人忙到天亮，才勉强把肘子从锅里捞出来。恰巧那一天，宫里的一个宦官来天福号买肘子，刘凤翔就卖给了他一些。不料，那位宦官尝了之后连声夸奖好吃，说与平时的味道不同，又酥又嫩，不腻口不塞牙，口味香绵。刘凤翔非常高兴，就按照那天的做法专心研究，什么时间用什么样的火，什么时间加汤加料，经过一

段时间的摸索，终于总结出一套独特的制作方法，并在选料、加工上越来越严格，酱肘子的质量也越来越好，名气也越来越大。

天福号酱肘子选料十分严格，只用京东八县的猪，那里水土好，养的猪黑毛，耷拉耳朵，成熟期为十一个月左右，肉比较瓷实。做肘子只用猪的前脚，一个肘子能有五六斤，配制老汤的辅料花椒、桂皮、生姜等要产地固定、新鲜整齐；生产工艺一丝不苟，精工细作。在配料和掐汤上很讲究，肘子进锅煮一个小时后开始掐汤，这就需要能随时掌握火候；此外就是收汁出锅，虽然叫酱肘子，可没有一点酱或酱油，肘子上的色是糖色。出锅时要让皮贴在肉上，提拉起来不碎不散，肥而不腻，瘦而不柴，到口酥嫩，堪称食中极品。

据说当时慈禧太后特别喜欢吃天福号的酱肘子，让天福号天天给宫里送肘子，还专门发了进宫的腰牌，也就是通行证，这样天福号的酱肘子就成了贡品。根据史料记载，慈禧太后六十大寿的时候，筵席上各种菜肴都已经准备整齐，只是缺了天福号酱肘子，御膳房马上派人快马去取。天福号酱肘子在清宫内也备受后妃们的喜爱，光绪帝的瑾妃平时是个吃素的人，不吃肉，但也经不住天福号酱肘子色、香、味的诱惑。

除了清代宫廷以外，天福号的食品也受到演艺界人士的青睐。京剧艺术大师梅兰芳、叶盛兰、袁世海等，都喜爱天福号的肉制品。

凭借悠久的历史、独具特色的口味，天福号已经是香飘中国的老字号。

（二）北京全聚德

"不到万里长城非好汉，不吃全聚德烤鸭真遗憾！"这句话形象鲜明地表达了全聚德烤鸭在人们心中的地位。全聚德作为著名的中华老字号，被誉为"中华第一吃"，周恩来总理曾经多次把全聚德"全鸭席"选为国宴。

全聚德创立于 1864 年，创始人是

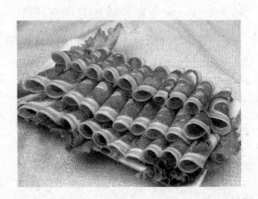

杨全仁。他初到北京时主要做鸡鸭买卖，每天到肉市上卖鸡鸭时，都要经过一个名叫"德聚全"的干果铺，这里生意并不好。到了1864年，这家干果铺已经濒于倒闭。此时，精明的杨全仁抓住这个机会，用自己所有的积蓄买下了这家干果铺来经营烤鸭。为了使自己的生意能够红火，杨全仁还请了一个风水先生给店铺重新取一个名字。

在风水先生的建议下，杨全仁把"全聚德"作为烤鸭店的店名，还请了一个擅长书法的名叫钱子龙的秀才在牌匾上题了"全聚德"三个大字悬挂在门楣上。从此，全聚德的生意蒸蒸日上。

全聚德烤鸭采用挂炉、明火烧果木的方法烤制而成，时间为四十五分钟左右。其成品特点是：刚烤出的鸭子皮质酥脆，肉质鲜嫩，飘逸着果木的清香。鸭体形态丰盈饱满，全身呈均匀的枣红色，油光润泽，赏心悦目。再配以荷叶饼、葱、酱一起吃，腴美醇厚，回味不尽。全聚德烤鸭的原料是北京填鸭，北京填鸭品种好，体形丰满，肌肉细嫩，有脂肪层，再加上精湛的烤制技术，使全聚德烤鸭赢得了"京师美馔，莫妙于鸭"的美誉。

吃烤鸭是有一定的讲究的，这与吃烤鸡、扒鸡不同。真正吃烤鸭的季节，应该是在春、秋、冬三个季节。因为春冬季节鸭肉肥嫩，而秋季秋高气爽，温度、湿度都最适宜于制作烤鸭。夏天空气湿度大，人们本来就不喜欢吃油腻的东西，鸭坯上也常会湿漉漉的，这样烤出来的鸭子，鸭皮不松脆，味道不好。烤鸭的片法也是很有讲究的，烤鸭现片现吃，吃到嘴里，皮是酥的，肉是嫩的，最为鲜美。全聚德片鸭的方法有三种，一种是杏仁片，这是最传统的片法，片好的鸭肉如杏仁；另一种片法如柳叶条；还有一种是皮肉分吃，鸭皮酥脆香，鸭肉薄而不碎。

其次，吃鸭肉要配有一定的佐料。一般有三种佐料，一种是甜面酱加葱条，可再配有黄瓜条、萝卜条等；一种是蒜泥加酱油，也可配萝卜条等，蒜泥可以解油腻，烤鸭蘸着蒜泥吃，在鲜香之中，更增添了一丝辣意，风味更为独特，不少顾客特别喜欢这种佐料；第三种是白糖，女士和儿童比较喜欢这种吃法。

最后是主食，在全聚德，主食主要有荷叶饼和空心芝麻烧饼。将片好的鸭子蘸上甜面酱，卷荷叶饼吃是最传统的吃法。全聚德的荷叶饼饼面没有糊点和生白点，用手拿起来，对着光线照一下，饼薄厚均匀，放在盘中，可以清楚看见盘子上的"全聚德"标识。空心芝麻烧饼可以"中餐西吃"，在烧饼上放一层鸭肉，像吃鸭肉汉堡一样。

全聚德除了特色烤鸭外，"全鸭菜"也很有名。除了传统的炸胗肝、鸭丝烹掐菜、鸭油蛋羹之外，全聚德卖的凉菜还有芥末鸭掌、卤水鸭胗、盐水鸭肝等。一只鸭可以"四吃"，一吃鸭肉；二将片烤鸭时流在盘子里的鸭油做成鸭油蛋羹；第三吃是将烤鸭片皮后较肥的部分片下切成丝，回炉做鸭丝烹掐菜；第四吃是将片鸭后剩下的鸭架，加冬瓜或白菜熬成糟骨鸭汤，这种汤鲜香味美，营养极高。

这就是风靡中华的全聚德，位居京城烤鸭之首，以其百吃不厌的特色烤鸭吸引着八方来客。

（三）德州扒鸡

山东省德州市位于黄河下游，山东省的西北部，是山东省的北大门。德州在历史上就是京杭大运河的重要码头，素有"九达通衢，神京门户"的美誉。这里人杰地灵，物产富饶，当地所产的德州扒鸡更是闻名天下。德州扒鸡号称"扒鸡鼻祖"，古有"德州一奇"，近有"中华第一鸡"的美誉。德州扒鸡造型美观，五香透骨，肉质鲜嫩，营养丰富，美味可口，可以说是中华美食家园中的极品。

有三百多年历史的德州扒鸡，全名为德州五香脱骨扒鸡，由烧鸡演变而来，创始人是一位名为韩世功的老先生。他总结韩家世代做鸡的经验，对传统的工艺与配方进行改进，制作过程中添加了多味健脾开胃的中药，又结合传统制作烧鸡、扒鸡的经验，揉进了炸、熏、卤、烧的方法，既考虑了当地习俗，又兼顾了

南北口味，经多次试制，制作出具有独特风味的"五香脱骨扒鸡"。因为在制作过程中，加入了多种药材烧制，所以称"五香"，扒鸡熟后提起鸡腿一抖，肉骨就自行分离，所以称之为"脱骨"。五香脱骨扒鸡炸得匀，焖得烂，香气足，并且能久存不变质，所以很快在市场上受到欢迎，社会上也习惯把韩世功先生称为第一代扒鸡制作大师。据说康熙皇帝南巡途中曾经住在德州，品尝了五香脱骨扒鸡后非常高兴，亲笔题了一个匾额"寒绿堂"赠给德州扒鸡。从此，德州扒鸡就成为朝廷的贡品。尤其是津浦铁路通车后，德州扒鸡的名声也随着旅客的尝食，盛名远播南北，成为北方整鸡卤制的特色名吃。

德州扒鸡能够历经百年不衰，首先是选料上的严格要求。制作扒鸡使用的毛鸡必须是鲜活健壮的，而运输过程中挤压死掉的一律不能用。其次是制作工艺十分精细，制作德州扒鸡采取传统的烧、熏、酥、炸、卤等多种工艺，其生产过程是：将健康的活鸡宰杀、沥血、褪毛、掏净内脏，加工成白条鸡；然后将鸡双腿盘起，双爪插入腹部，两翅从嘴中交叉而出，盘为坐姿，口衔双翅；凉透，周身涂匀糖色，用沸油烹炸，一直到鸡身呈金黄色时捞出；再按照鸡的老嫩排入锅内，加入食盐、酱油、原锅老汤及丁香、肉蔻等作料，分别用急火和文火炖 6—8 小时，起锅凉透就是成品了。这样制出的扒鸡，外形完整美观，色泽金黄透红，肉质松软适口，并具有开胃、补肾、助消化的作用。

德州扒鸡扬名中国大江南北，途经德州的旅客，都慕名购买品尝，所以也留下了很多趣闻佳话。20 世纪 40 年代，老舍先生购买德州扒鸡后，见其外形普通，但吃后味透肌里，又见其颜色棕红，有铁骨铮铮之状，所以戏称它为"铁公鸡"；1995 年，中国著名书画家王超先生途经德州品尝德州扒鸡后，兴致勃发，当场题写了"江北第一家"的牌匾；著名笑星侯耀华到德州演出，吃完扒鸡后赞不绝口，连声说"名不虚传，确实好吃"。

德州扒鸡名扬天下，不仅丰富了中华美食，而且远销世界各地，在 1992 年奥运会时，还被作为指定礼品送往巴塞罗那。

中华饮食

五、 酱菜类

（一） 六必居

　　中国人有吃酱菜的习惯，中国人腌制的酱菜世界闻名，而北京六必居的酱菜又在中国酱菜业中独占鳌头，是驰名中外的老字号。六必居腌制的酱菜不但是京城许多家庭的必备小菜，也是国宴上必备的名小菜之一，到北京出差、探亲、访友的人们都免不了带回六必居的酱菜，送给亲朋好友品尝。

　　六必居的酱菜至今已经有四百多年的历史，关于"六必居"店名的来历，民间流传着很多说法。一种说法认为六必居原是山西临汾西社村人赵存仁、赵存义、赵存礼兄弟开办的小店铺，专卖柴米油盐酱醋。赵氏兄弟的小店铺，因为不卖茶，就起名为六必居。另一种说法认为六必居最初开业由六个人合开，委托当时书法不错的大奸臣严嵩题匾。严嵩提笔便写了"六心居"这三个字。但又仔细一想，有"六心"怎么能合作呢，就在"心"上加了一撇，便成了今天的"六必居"。还有一种说法认为六必居开始是个酒铺，在酿酒过程中提出了"黍稻必齐，曲种必实，湛之必洁，陶瓷必良，火候必得，水泉必香"六点制酒要求，即选料、下料、工艺、设备、时间、泉水等要具备"六个必需"，所以起名为"六必居"。现在大多数人比较认同后一种说法。

　　六必居是北京酱园中历史最久、声誉最显著的一家。六必居的酱菜色、香、味俱全，特别是稀黄酱、铺淋酱油、甜酱萝卜、甜酱黄瓜、甜酱甘螺、甜酱黑菜、甜酱仓瓜、甜酱八宝菜、甜酱什香菜、甜酱瓜、白糖蒜等传统产品，色泽鲜亮，酱味浓郁，脆嫩清香，咸甜适度，在清朝曾经被宫内定为御用小菜，清朝宫廷还赐给六必居一顶红缨帽和一件黄马褂。

　　六必居的酱菜选料精细、精工细作、工艺独

中华饮食老字号

特。酱菜的原料都有固定的产地，其中的黄豆选自河北丰润县马驹桥和通州永乐店，这两个地方的黄豆饱满、色黄、油性大。白面选自京西涞水县的一等小麦，这种小麦黏性大，六必居自行加工成细白面，这种白面适宜制甜面酱。所用的黄瓜，必须精选北京大兴产的鲜嫩黄瓜，要六根共五百克，须"顶花带刺"，还得"条顺"，再用五百克自制的面酱，先腌制后酱制，冬季要十天左右的时间方制成一罐"六必居"甜酱黄瓜。

六必居制作酱菜，有一套严格的操作程序，比如制作黄酱，首先把上好的黄豆用温水浸泡，泡透后上屉蒸熟，然后拌上面粉用碾子碾碎，再放进模子里，盖上块干净布，人站上去光着脚踩。待踩实后，从模子里倒出，拉成条，切成块，用锡箔包好封严，码放在木架上。待其发酵后，要不断地用刷子刷去锡箔上生出来的白毛，二十天以后，便制成了酱料。把酱料放进大缸，放盐、水和作料把酱料泡软，还要定时用工具上下翻动，促使其再发酵，要经过一个伏天，黄酱才能制成，这便是有名的伏酱。六必居用这样的酱制出的酱菜，味道自然好吃，保证了六必居酱菜的质量。

六必居令人垂涎欲滴的酱菜不仅在北京城家喻户晓，而且销售遍及东北、西北、华北、江南等地，产品远销日本、澳大利亚、新加坡、泰国、加拿大、美国及欧洲等十几个国家和地区。

（二）玉川居

天津的玉川居酱菜是有八十多年历史的中华老字号，是天津市唯一生产酱菜的国有专业性加工企业，与北京的六必居齐名，深受天津人的喜爱，在全国也享有很高的声誉。

玉川居酱菜产品继承和发扬了传统的酱菜工艺配方，拥有精干的专业技术人员和现代化的生产设备，做工精细，质地优良，色、香、味俱全，口感脆嫩，

中华饮食

甜咸适口，主要产品有天然甜面酱、蒜蓉辣酱、涮羊肉调料、各种瓶装酱菜和各种酸甜辣小菜、番茄酱、糖蒜等共计六十多个品种。这些酱菜的酱味浓郁，鲜嫩馨香，咸甜适口，色泽好看，都是广大百姓喜爱的品种。

　　一直以来，玉川居的酱菜是天津人餐桌上必不可少的一道风味小菜。

六、 调味品类

（一） 北京王致和

　　我国调味食品生产历史悠久，酱和醋等调味品早在两千多年前就由我们的祖先发明了，在两千多年的发展过程中，也形成了很多老字号，北京的王致和就是其中有名的老字号之一。王致和以生产酿造调味品为主，产品有酱、酱油、食醋、腐乳、料酒、日式咖喱卤及其他复合调味料几大类百余种，而最为有名的还是王致和臭豆腐。

　　在北京城有这样一句顺口溜："窝窝头就臭豆腐，吃起来没个够。"王致和臭豆腐是老北京的传统佳肴，至今已有三百多年的历史。王致和臭豆腐是豆腐乳的一种，颜色呈青色，是北京特殊风味中的名品，臭中有奇香是它的特色。创始人王致和是清康熙八年安徽仙源县的举人，当时进京赶考，连连失利。为了维持生活，开始做豆腐生意。有一次，做出的豆腐没有卖完，当时正是夏季，为了不让豆腐变坏，他把豆腐切成四方形的小块，再配上盐、花椒等作料，放在一口小缸里腌上。之后，他慢慢淡忘了这件事情，一直到秋季，他才突然想起来，当他打开那缸豆腐时，臭气扑鼻，豆腐已经变成了青色的。王致和尝了一口，觉得风味独特，于是又送给邻居们品尝，大家都说出奇的香，一时间传遍了整个北京城。清末，王致和臭豆腐传入宫廷御膳房，成为慈禧太后的一道日常小菜，慈禧太后赐名为"青方"。

　　"王致和南酱园"这六个字分为两块匾，分别由清末状元孙家鼐、鲁琪兴书写。孙家鼐还写了两幅藏头对："致君美味传千里，和我天机养寸心"；"酱配龙蟠调芍药，园开鸡跖钟芙蓉"。冠顶横读为"致和酱园"。

王致和臭豆腐以优质黄豆为原料，经过泡豆、磨浆、滤浆、点卤、前发酵、腌制、后发酵等多道工序制成。其中腌制是关键，盐量和作料的多少将直接影响臭豆腐的质量，盐多了，豆腐不臭；盐少了，易造成腐乳的糟烂甚至腐败。王致和臭豆腐臭中有奇香，是缘于一种产生蛋白酶的霉菌分解了蛋白质，形成了极丰富的氨基酸，使味道变得非常鲜美，臭味主要是蛋白质在分解过程中产生了硫化氢气体所造成的。另外，因腌制时用的是黄浆水、凉水、盐水等，使成型豆腐块经后期发酵后呈豆青色。

王致和臭豆腐可以说是小吃家族中的极品，臭豆腐的"臭"，是一种沁人心脾的醇香的臭味，更确切地说，那是一种香臭。如果再加入些香油、炸花椒油之类的作料，那味道就更加的香了，这也是臭豆腐如此受到人们喜爱的原因之一。

经过几代人的不懈努力，今天的王致和继承和发展了传统的制作豆腐乳的工艺，成为地道的中华老字号。王致和的产品具有细、腻、松、软、香的特点，同时富有营养，受到人们的喜爱。三百多年来，王致和产品特色风味一直没有变，种类却越来越丰富。现在已经有青方、红方、白方三大类二十多个品种的王致和腐乳，其品牌不仅享誉国内市场，而且还走出国门，走向了世界。

（二）广州致美斋

俗话说："食在广州。"广州菜之所以驰名海内外，除精心选料和独特的制作技巧外，还与别有风味的调味品紧密相关。而在众多的调味品之中，致美斋是最有名的。致美斋在清朝就已经是我国四大名酱园之一，有近四百年的历史，与北京"六必居"、上海"冠生园"、长沙"九如斋"齐名，是家喻户晓的老字号，在海外也久负盛名。

致美斋酱园的创始人是清代的一个八旗

子弟刘守庵，他凭借八旗子弟的特殊身份，便于购买豆、粮及盐等原料，看准酱料调味行业发展的前景，办起了致美斋酱园。致美斋铺址设在广州有名的城隍庙前，地居闹市，加上老板经营头脑灵活，生意也越来越兴旺。在清嘉庆年间，致美斋酱园在广州就已经很有名气了。

致美斋的产品都有其特有的名称，"小磨麻油"、"添丁甜醋"、"天顶抽"等特色产品与其招牌"致美斋"一起，风靡于世。以前，在致美斋门口正右边，总看见一对石磨在缓缓转动，流出金黄色的麻油和咖啡色的麻酱，散发出阵阵的扑鼻浓香，加上酱油的醇香、猪脚姜的醋香、凉果的甜香，致美斋的产品如"添丁甜醋"，还是广州产妇的必需品，大多数孕妇，都去致美斋购买这种醋，以备一时之需。

致美斋调味品在选料和制作上都较为讲究。如小磨麻油一定用饱满纯正的芝麻，添丁甜醋一定选用立秋前的嫩姜作姜胆，嘉味油榄一定选用增城乌榄。操作时严格把好质量关，如制作天顶抽时，要求味鲜、色浓、体凝、醇香，操作规程一丝不苟。

致美斋的产品除传统名牌的酱油、小磨麻油、甜醋外，还有各种调味酱、调味粉和南北酱菜。此外，致美斋酱园还经营各地风味特色的酱菜和调味品，商品的包装也美观大方，不仅在国内畅销，而且还出口东南亚和北美地区。

七、 酒类

（一） 贵州茅台酒

中国的酒，品种之多、产量之丰，皆堪称世界之冠。在中国众多的名酒中，茅台酒以其悠久的历史、独特的酿造工艺和深厚的文化积淀而位居榜首，成为中国名副其实的"国酒"。

茅台酒是中国酱香型白酒的鼻祖，具有色清透明、醇香馥郁、入口绵软、清冽甘爽、回香持久的特点。其酒质晶亮透明，微有黄色，酱香突出，令人陶醉。敞杯不饮，香气扑鼻；开怀畅饮，满口生香；饮后空杯，留香持久。茅台酒液纯净透明、醇馥幽郁的特点，是由酱香、窖底香、醇甜三大特殊风味融合而成，现已知香气组成成分多达三百多种，有人赞美它有"风味隔壁三家醉，雨后开瓶十里芳"的魅力。

茅台酒独产于中国的贵州省遵义县仁怀市茅台镇，茅台镇独特的气候、水质条件加之茅台酒的传统制作方法，才能酿造出这精美绝伦的好酒，是其他地方无法仿制的。茅台酒至今已有八百多年的历史，是与苏格兰威士忌、法国科涅克白兰地齐名的三大蒸馏名酒之一，是大曲酱香型白酒的鼻祖。茅台酒有着神秘悠久的历史，自古以来，无数的文人墨客、仁人志士向往茅台、赞美茅台，把饮茅台酒作为一种美的享受。茅台酒的每一个细小的"侧面"都有着丰富的人文历史故事，有着深厚的文化底蕴和人文价值，它作为一个文化符号，以醉人的芳香让世界了解自己的同时，也将中华酒文化的魅力和韵味淋漓尽致地展示给了世界，让世界了解了中国和中国文化。

茅台镇开设正规作坊开始于何时还没有明确的考证，在茅台现存最早的明代《邬氏族谱》扉页所绘家族住址地形图的标注中已有酿酒作坊。族谱所载邬氏是明代万历二十七年（1599年）随李化龙平定动乱后定居茅台的，这说明茅台早在那之前就有了酿酒的正规作坊。

茅台酒的酿制技术被称作"千古一绝"，生产工艺古老而又独特，是当地历代酒师在长期的生产过程中，顺应大自然的变化而创造和积累起来的，是独特的自然条件和酿酒的基本原理科学结合的典范，既继承了古代酿酒工艺的精华，又闪烁着现代科技的光彩。如果说茅台酒具有独特的地域和特殊的原料是自然天成之作，那么茅台酒独特的酿造工艺就是能工巧匠之妙，有其独特巧妙的工艺内涵。茅台酒生产周期七个月，蒸出的酒入库贮存四年以上，再与贮存四十年、三十年、二十年、十年、八年、五年的陈酿酒混合勾兑，最后经过化验、品尝，再装瓶出厂销售。酒度低而不淡，色微黄晶莹，口感柔绵醇厚，既不刺喉，又不上头。

1915 年，茅台酒荣获巴拿马万国博览会金奖，享誉全球；先后十四次荣获国际金奖，蝉联历届国家名酒评比金奖，畅销世界各地。在中国第一、二、三、四届全国评酒会上被评为国家名酒，并荣获金盾奖章。1949 年的开国大典前，周恩来确定茅台酒为开国大典国宴用酒，从此每年国庆招待会均指定用茅台酒。

今天，茅台酒作为中华老字号，不仅成为规格最高、彰显高贵的国宴酒、外交礼仪酒，而且成为中国民间弥足珍贵的上乘佳品，在中国乃至世界都享有尊贵而崇高的地位。

（二）绍兴女儿红

在中国众多的名酒中，有一种陈年佳酿，叫做女儿红。女儿红产自绍兴，绍兴是驰名中外的黄酒之乡，黄酒代表着中国的传统文化。绍兴花雕酒是黄酒的精华，而女儿红则为绍兴花雕酒锦上添花，备受世人青睐。这不仅因为它色泽晶莹、醇香醉人，更因为它体现了中国良好的民间风俗，用女儿红酒陪女出嫁的民俗广为流传。此外，女儿红还美在一个"红"字，红在中国是喜庆和吉祥的象征，所以女儿红的美名家喻户晓，闻名海外。

绍兴女儿红，又名花雕酒，中国晋代上虞人嵇含的《南方草木状》记载："女儿酒为旧时富家生女、嫁女必备之物。"关于"女儿红"这一酒名的由来，还有一个美丽的民间传说。很久以前，绍兴有个裁缝师傅，妻子怀孕以后，他喜出望外，认为一定是个男孩。他想等到儿子降生时一定要庆祝一下，特意请了有名的酿酒师酿了几坛好酒，准备款待亲朋好友。事与愿违，妻子生了一个女儿，裁缝非常失望，酿好的酒也不请人喝了，都埋在了后院的桂花树底下。裁缝的女儿长大后，生得眉清目秀、聪明伶俐，不仅把裁缝的手艺都学得精通，还学会了绣花，裁缝店的生意也因此越来越兴旺。裁缝非常高兴，觉得生个女儿也不错，决定把女儿嫁给自己最得意的徒弟。成亲那天摆酒请客时，裁缝师傅忽然想起了十几年前埋在桂花树下的几坛酒，于是挖出来请客。一打开酒坛，香气扑鼻，色浓味醇，喝后回味无穷。于是，大家就把这种酒叫"女儿红"，又称"女儿酒"。从此，左邻右舍，远远近近的人家生了女儿时，都酿酒埋藏，嫁女时就挖出酒来请客，形成了一种风俗。到后来，连生男孩子也酿酒、埋酒，希望儿子中状元时庆贺饮用，所以这酒又叫"状元红"。"女儿红"、"状元红"都是经过长期储藏的陈年老酒。这酒越陈越香，据说可以香飘十里，因此，人们都把这种酒当作名贵的礼品。

女儿红酒主要呈琥珀色，即橙色，透明澄澈，纯净可爱，有诱人的馥郁芳香，而且往往随着时间的久远而更为浓烈，是一种具甜、酸、苦、辛、鲜、涩六味于一体的丰满酒体，加上有极高的营养价值，因而形成了澄、香、醇、柔、绵、爽兼备的综合风格。女儿红以优质糯米、曲麦作原料，取鉴湖冬季湖心之水酿造，酒中富含二十多种氨基成分，营养极高，每天适量饮用，既活血又养身。

女儿红从诞生之日起，就以其独特的文化内涵吸引了广大文艺工作者以"女儿红"为题裁，创作了许多关于女儿红的艺术作品。1994年由香港寰亚集团投资、著名导演谢晋之子谢衍执导的电影《女儿红》，在女儿红酿酒有限公司举行开机仪式，该片由著名作家沈贻伟编剧，汇集了中国台湾的归亚蕾、中国香港的顾美华、中国内地的周迅等明星，描述了从20世纪30年代到80年代末三代酿酒人的悲欢离合。此片在海内外播出后，大大提高了女儿红品牌的知名度。由杭州电视台拍摄的电视艺术片《女儿红》，以其独特的视角描写了江南水乡的浓浓风情。该片被

列入全国"五个一"工程项目，并于1996年春节在中央电视台播出。舞蹈《女儿红》以其丰富、细腻的动作，反映了绍兴地方酿酒、嫁娶等民间习俗，在文化部春节晚会上表演并且获全国群星银奖。脍炙人口的《女儿红》歌曲、戏剧也多次在浙江、绍兴、上海东方电视台等地方台播出。

女儿红作为中国情感第一酒，历经千年的风雨洗礼，经历岁月的磨砺，久负盛名，被无数饮家誉为"值得信赖的标志"，多年来赢得了无数国际、国内奖项，更作为中国原产地域保护品牌，享誉世界。

（三）　四川省宜宾五粮液

四川省宜宾的五粮液素有"三杯下肚浑身爽，一滴沾唇满口香"的赞誉，是四川酒业的"六朵金花"（泸州特曲、郎酒、剑南春、全兴大曲、五粮液、沱牌曲酒）之一。不仅在国内闻名遐迩，而且远销国外。

五粮液的历史悠久，在五粮液的酿制工艺形成过程中，最为重要、最具有影响力的是"姚子雪曲"。它是宋代宜宾绅士姚氏家族私坊酿制的，采用玉米、大米、高粱、糯米、荞子五种粮食为原料，口感醇厚、香气宜人。"姚子雪曲"是五粮液最成熟的雏形。到了明朝初年，宜宾人陈氏继承了姚氏产业，总结出"陈氏秘方"，五粮液用的就是"陈氏秘方"。这种酒有两个名称，"姚子雪曲"和"杂粮酒"，这就是现在五粮液的前身。后来，陈氏秘方传人邓子均将这种酒带到一次家宴上，一个名为杨惠泉的人品尝了以后说："如此佳酿，名为'杂粮酒'似嫌凡俗，而'姚子雪曲'虽雅，但不能体现此酒的韵味。此酒是集五粮之精华而成玉液，更名为'五粮液'是一个雅俗共赏的名字，而且顾名可思其义。"从此，"五粮液"美名问世，至今已有一个世纪之久。邓子均也因此被称为"五粮液的传人"，五粮液所有的历史记载，都有过关于邓子均的记述。五粮液人在"酒文化博览馆"专门修建了有功于五粮液的人物塑像和浮雕纪念碑，邓子均理所当然地被排在第一位，在他的雕像下镌刻着"五粮液的传人"六个大字。

五粮液以优质高粱、糯米、大米、小麦、玉米五种粮食为原料酿制而成，喷香浓郁，醇厚甘美，回味悠长，受到人们的赞誉。宋代著名的诗人黄庭坚称赞早期的五粮液（姚子雪曲）时说："杯色争玉、白云生谷。""清而不浊、甘而不哕、辛而不螫"，浓缩了古人对五粮液美酒的真实感受。在第二届全国评酒会上，严谨认真的评酒专家们就给予了五粮液"香气悠久、味醇厚、入口甘美、入喉净爽、各味谐调、恰到好处、酒味全面"的高度评价。专家的评语与黄庭坚的评价如此的相似，不仅说明了五粮液长期稳定的卓越品质，也说明了五粮液是中华民族文化酒的典型代表。所以，集五种粮食之精华的五粮液作为纯天然绿色饮品，味觉层次全面而丰富，调动了人的视觉、嗅觉、味觉的最佳享受，因此五粮液酒深受中外消费者的喜爱。

五粮液的工艺技术是独有的，采用独有的"包包曲"作为空气和泥土中的微生物结合的载体，非常适合酿造五粮液的一百五十多种微生物的均匀生长和繁殖，"包包曲"作为糖化发酵剂，发酵的温度不同，形成不同的菌系、酶系，有利于酯化、生香和香味物质的累积，构成五粮液的独特风格。五粮液采用"跑窖循环"、"固态续糟"、"双轮底发酵"等发酵技术，采用"分层起糟"、"分层蒸馏"、"按质并坛"等国内酒行业中独特的酿造工艺"陈酿勾兑"，这种独特的酿造工艺使五粮液在浓香型白酒中独树一帜。

八、茶类

（一）北京吴裕泰

中国人有喝茶的习惯，中国的茶叶种类多、口味各异，而且喝茶的讲究也不一样，形成了中国独特的茶文化。此外，所谓柴、米、油、盐、酱、醋、茶，茶也是人们日常生活中必不可少的东西，这便催生了诸多茶庄专门经营各种茶

叶，而在众多的茶庄中，北京吴裕泰茶庄以其悠久的历史、独特的口味而独领风骚，1995 年，被授予"中华老字号"的称号。

吴裕泰茶庄，创建于 1887 年，即清光绪十三年，至今已有一百二十多年的历史。茶庄创始人是安徽人吴锡卿，吴家几代人都是做茶叶生意的，在北京城先后开了大大小小十几家茶庄，专门经营高档茶叶，顾客主要为名门显贵。吴裕泰最早的牌匾是吴锡卿请清末老秀才祝春年题写的"吴裕泰茶栈"，老秀才书法造诣很深，这几个字写得遒劲厚重，为茶庄增色不少。这块匾在北京挂了几十年，到公私合营时，"吴裕泰茶栈"改为"吴裕泰茶庄"；"文革"时，北京北新桥地名被改为"红日路"，吴裕泰也随之更名为"红日茶店"；1985 年，才恢复"吴裕泰茶庄"，是请中央民革委员冯亦吾老先生题写的，黑地金字的横式牌匾一直沿用到今天。

吴裕泰以销售自拼茉莉花茶为主要特色。吴裕泰的茶叶香气鲜灵持久，滋味醇厚回甘，汤色清澈明亮，耐泡，被誉为"裕泰香"。这主要是因为吴裕泰采用"自采、自窨、自拼"的操作规范。自采是指吴裕泰在安徽、福建、浙江等地都设有自己的茶基地，完全按照自己的标准采摘茶叶，自窨则是花茶加工的一个步骤，将绿茶胚和鲜花多次拌和，让前者充分吸收花香，所得茶称为原料茶。一般茶叶只窨三四次，吴裕泰的茶叶则窨六七次。窨好的原料茶在普通茶

中华饮食

店里可以直接出售，但吴裕泰又多出了一道工序——自拼，即将原料茶按其口味特点再次进行拼配。这就是为什么吴裕泰的茶叶特别香浓的原因。

经过一百多年的发展，今天的吴裕泰茶庄已经成为拥有上百家连锁店、一个配送中心、一个茶文化陈列馆、一个茶艺表演队和两个茶馆，年销售额超过亿元的中型连锁经营企业，是北京城著名的中华老字号，在国内茶叶行业中具有很高的知名度，并拥有稳定的顾客群体，许多顾客一家几代人都喝吴裕泰的茶。与此同时，吴裕泰牌的茉莉牡丹绣球、茉莉雪针、莲峰翠芽等八个品种茶叶曾连续三年获国际名茶评比会金奖，并获日本、韩国评茶会名茶金奖。

（二） 北京元长厚

在北京茶叶行业中，元长厚也是不得不提的中华老字号之一。元长厚茶庄是在吴肇祥、福聚来、隆泰等几家老字号茶庄的基础上组建而成的。以其茶叶味道香浓、品种齐全，深受京城百姓的喜爱。其中元长厚出品的小叶茶、绿雪茶、牡丹绣球等品牌茶，以其优良的品质，在国内外享有很高的声望。

元长厚茶庄创始于 20 世纪 20 年代，茶庄的前身在河北察哈尔特别区，原名叫"永生元茶庄"，后来由察哈尔迁入北平宣武门内大街，距今已有近九十年的历史。永生元茶庄的创始人孙焕文精通茶叶技术，善于经营管理，其良好的服务、优质的茶叶使茶庄在察哈尔地区就已经很有名气。"永生元茶庄"迁到北京以后，孙先生扩大了经营规模，但经营方式仍以自拼自卖为主。为了使茶庄买卖更加兴旺，他借用了"一元复始、源远流长、庄底雄厚"的含义，将茶庄改名为"元长厚茶庄"，并请著名书法家吴兰弟为茶庄题写牌匾。这块牌匾的题字苍劲有力，招来了不少文人墨客前来品茶评字，谈诗论画，茶庄生意也随之越来越兴隆。后来，吴肇祥、福聚来、隆泰、宏兴、益新、吴鼎和、吴恒端、吴新长等老字号茶庄相继归入元长厚，使元长厚得到了进一步的发展，规模越来越大。

元长厚茶庄主要经营茉莉花茶、绿茶、乌龙茶、红茶、沱茶、保健茶

等。同时还经营各种档次的宜兴紫砂茶具。在元长厚茶庄的老字号当中，最有名的要算吴肇祥茶庄了。吴肇祥茶庄已经有一百多年的历史了，是吴肇祥在清光绪年间开办的。为了降低成本和经营出自己的特色，吴肇祥派人去南方办货，在天津、安徽、杭州和福建等地都设有办事处，用来专门收购当地的新鲜茶叶，这样从南方采运回来的茶叶，不仅成本低，而且质量好。所以，吴肇祥茶庄的茶叶自然比别家便宜。茶叶在窨制、拼配过程中，工艺也十分讲究。这里的茶叶，泡后颜色呈淡黄，味道浓香并且持久，因此，来这里的顾客多，生意十分兴隆。吴肇祥茶庄在光绪末年时还为清朝皇宫加工茶叶，据说每年卖给宫内各种茶叶有一千多斤，很受清宫的欢迎，吴肇祥茶庄也因此名声大振，生意越做越兴隆。这也与这里的茶叶质量有关，如吴肇祥窨制花茶时多用伏天茉莉花，这样的茶叶泡后颜色淡黄，味道浓香持久。同时，酒要勾兑，茶要拼配，菜要搭配，吴肇祥特别重视茶叶的拼配，拼配的茶叶口感滑润、香气浓郁、经泡耐泡。

现在，元长厚茶庄的香茶味飘满了整个北京城，已经成为地道的中华老字号。

（三）　北京张一元

北京张一元已经有百余年的历史，是与吴裕泰、元长厚齐名的中华老字号，在茶类行业中久负盛名。张一元的特色小叶花茶不仅在北京闻名，而且热销华北、东北各地。张一元风味独特的"京味"花茶，物美价廉，具有深厚的老北京文化底蕴，是京城老百姓离不开的生活必需品，拥有广泛的市场。

北京张一元的前身是张一元茶庄，是张文卿于清朝光绪三十四年（1908年）开办的。关于张一元的"一元"，有很多种说法。有人说是由最初的"张玉元茶店"而来；有人说是取用了"一元复始，万象更新"的意思，用"一元"是希望生意永远兴隆，不会衰落；还有人说是"一块钱一包茶"的意思。目前大多数人比较认同第二种说法。当时张文卿特地在福建开办了茶场，按时收购新鲜的茶叶，买花自己熏制花茶。他还依据北方人的口味，就地进行窨制、拼配，形成具有特色的小叶花茶，这种茶具有汤清、味浓、入口芳香、回味无穷的特点，因此深受欢迎。

张一元除了小叶花茶外，茉莉花茶也很有名。张一元的茉莉花茶采用福建烘青绿茶即春茶作茶坯，制作过程主要有萎凋、杀青、揉捻、烘焙，做工精细讲究，因此茶叶"京味"十足，受到北京人的认可。

张一元的茶叶品种多、质量高、分量足，在北京人心里早已树立起良好的形象，很多北京人买茶叶就认准了张一元。现在的张一元既有龙井、碧螺春、君山银针等名茶，又有深受京城及北方人喜欢的各种档次的花茶、紧压茶、红茶、保健茶等，同时还相继推出张一元包装系列礼品茶，茶叶品种多达二百多种。

张一元还想尽各种办法招揽顾客。张一元茶庄店堂内设有品茶桌，来到茶店中的顾客可先品茶、看茶，然后再买茶，所买的茶叶安全放心，喝着也舒心。据说张一元茶庄还是京城里第一个用高音喇叭播放歌曲、戏剧等来招徕顾客的茶庄，当时茶庄每天都有很多来听歌曲、戏曲的人，非常热闹。

总之，张一元茶庄茶叶的良好质量、服务的热情周到都无愧于中华老字号的荣誉。

中华饮食老字号

九、 果仁和豆类干货

（一） 天津果仁张

果仁张是天津著名的小吃之一，中华老字号，至今已经有一百六十多年的历史。果仁张制作的各种美味果仁，香而不俗，甜而不腻，色泽鲜美，酥脆可口，久储不绵，具有香、甜、酥、脆，味美可口、回味无穷的特点。果仁张以其精湛的工艺、独特的风味而闻名海内外，被称为"食苑一绝"。

果仁张第一代制作者张明纯和第二代制作者张维顺曾经在清宫做御厨，专

门炸制各种小食品，因为他们做的蜜供色泽纯正、甜而不腻、清滑爽口，受到同治皇帝和慈禧太后的喜爱，御赐名为"蜜供张"，并誉为宫廷小吃。果仁张的第三代张惠山，走出宫门，来到民间创立了"果仁张"。张惠山制作的净香花生仁、琥珀核桃仁、虎皮花生仁等品种，在 1956 年天津市饮食商业优质品种展览会上荣获优质奖。改革开放之后，第四代传人张翼峰及妻子陈敬继承父业，先后把祖传的各种炸果仁和豆类制品予以恢复和发展，推出花生仁、核桃仁、杏仁、腰果仁、瓜子仁、松子仁以及蚕豆、青豆等炸食精制品，在天津众多小吃中独树一帜。

现在的果仁张制品是四代制作人艰苦和智慧的结晶，在制作过程中，制作技艺和配料都十分严格。选择原料时，要求果仁籽粒饱满并合乎规格，制作时根据季节变化掌握油质和油温，并针对果仁制品的不同色泽和味道调制配料，工艺手法有推、翻、摁、抄、拨、托、提、压、转、挤、拢、点、撩等，复杂多样，所以果仁张制品风味才如此独特。

果仁张成品以花生仁、腰果仁、核桃仁、瓜子仁、杏仁及多种豆类为主料，有虎皮、琥珀、净香、奶香、五香、桔香、柠檬、薄荷、番茄、山楂、海菜、

咖啡、可可、姜汁等品类和香、甜、酥、脆、酸、凉、麻辣等口感特点。果仁张传统产品有琥珀花生仁、琥珀核桃仁、虎皮花生仁、净香花生仁、奶香瓜子仁、五香松子仁等。创新产品有琥珀腰果仁，奶香杏仁，奶香、五香、可可、麻辣、海菜、香草、桔香、柠檬、山楂、咖喱、薄荷、姜汁等多种口味的花生仁、蚕豆及青豆，此外还经营其他种类的食品和土特产品。

果仁张选用优质果仁制作而成，果仁种类繁多，而且都具有很高的营养价值，深受人们的喜爱，是日常生活中老少皆宜的小食品。

(二) 天津崩豆张

天津崩豆张专门制作和销售各种豆类干货小吃食品，是历史悠久的中华老字号，是天津最有名的豆类干货品牌。

崩豆张的创始人叫张德才，是清朝嘉庆末年宫廷御膳房里的御厨。当时朝廷中的王公贵族每天吃完主食以后，总是喜欢再吃点零食来消遣。为了满足宫里人的这种需求，张德才经过精心研究和实践，终于研制出了多种豆类风味干货食品，如糊皮正香崩豆、豌豆黄、三豆凉糕及果仁、瓜子等，深受宫里人的喜爱。另外，在节日和宴会时，他还为宫廷制作了九龙贡寿、麻姑献寿、龙凤成祥等特种成型贡品，口味都很独特。

到了清咸丰年间，张德才去世，崩豆张的第二代传人张永泰兄弟三人回到天津定居，这一宫廷食品也被带到了天津。张氏兄弟在天津首创崩豆张总号，从此，崩豆张在天津便家喻户晓。后来，崩豆张的第三代传人张相兄弟二人继承祖业，先后创立了"老德发"、"老德成"、"老来财"、"老来福"、"老张记"等字号，自产自销风味豆类干货小食品。崩豆张的第四代传人张国华 14 岁跟随父亲学艺，掌握了这种制作豆类干货食品的祖传绝技。崩豆张的第五代传人是张福全、张祯全、张祥全、张友全和张大全。1985 年崩豆张首批进入南市食品街经营，重新恢复了老字号。

崩豆张产品的特点是：脆而不绵、不

硬，不含胆固醇，久嚼成浆，浓香满口。尤其糊皮正香崩豆，最受人们的青睐。糊皮正香崩豆原名为黑皮崩豆，制作这种崩豆时，必须要用外五料即桂皮、大料、茴香、葱、盐，还有内五料即甘草、贝母、白芷、当归、五味子以及鸡、鸭、羊肉和夜明砂乌等，一样都不能少。这种崩豆，制作出来以后，外形黑黄油亮，看起来像老虎皮一样，膨鼓有裂纹，但里面不进砂，不牙碜，嚼在嘴里脆而不硬，五香味浓郁，余味绵长。

崩豆张在 1993 年被誉为中华老字号，闻名全国。现在生产糊皮正香崩豆、去皮夹心崩豆、桂花酥崩豆、豌豆黄、三豆凉糕、冰糖奶油豆、冰糖怪味豆、儿童珍珠豆、去皮麻辣豆等豆类干货食品，分高、中、低三个档次，有近二十个大类近八十余个品种。由于崩豆张一直重视产品的质量和信誉，所以产品畅销天津、北京、武汉、南京、贵阳、杭州、合肥、大连等地，1990 年还作为天津市的名、特、优、新产品，在亚运会期间进京展销。

满汉全席

    满汉全席也称"满汉天席"、"满汉席"、"满汉逛"、"夜栖席"、"八大件席"、"大烧烤席"等，是形成于清代中期的大型宴席。顾名思义，满汉全席不仅突出了满族菜点烧烤、火锅、涮锅等特殊风味，也充分展示了汉族菜肴扒、炸、炒、熘、烧等烹调特色，可谓是中华菜系文化的瑰宝，被美食界誉为"中国古典名席之冠"，实乃当之无愧。

一　　　中国古代宴席的发展过程

　　要全面地认识满汉全席，首先需要对我国古代宴席的发展脉络有一个较完整的把握。中国古人的宴席很简朴。筵和席本是古时的坐具，每遇祭祀和庆典，人们便围坐在宴席之上，觥筹交错，分享食物，高歌抒怀，起舞助兴，这是最初最简单的宴席。

　　夏商之际，也就是公元前 2200 年左右，农业、手工业、商业逐步兴盛起来，尤其是青铜冶炼和铸造技术比较发达。生产力的提高也使人们的食品种类更加丰富，食具更加精美，烹饪技艺日益提高，甚至还产生了掌管王府膳食的"疱正"一职，这些都为宴席的形成奠定了基础。

　　随着社会生产力的进步，饮食也日趋丰富和精美。周朝时出现了我国最早的名菜席——"八珍席"。周天子"食用六谷，膳用六牲，饮用六清，馐用百二十品，珍用八物"，这在当时来说是极为奢华的。《诗经》中有关于鹿鸣宴的描述，如"呦呦鹿鸣，食野之苹，我有嘉宾，鼓瑟吹笙"，宾主欢聚，畅怀宴饮，很是热闹。《礼记》中也有对王公贵族宴席的描述："铺宴席、陈尊俎、列笾豆"，"陈馈八簋，味列九鼎"。这时一桌宴席的菜品已经多达三十多道，除此之外，《礼记》中对菜肴的设计、主客的座次、吃饭时的繁缛礼节等等也都有所记载，要求非礼勿视，非礼勿行。此时，宴席已不仅仅是欢聚、交际的宴饮需要了，而直接上升为礼乐教化的一种方式。

　　秦汉时期，宴席的色、香、味、形、器五大属性已完全具备，烹饪原料丰富，素菜开始兴起，面点的制作也更加精美多样，餐桌的陈设也十分讲究。据翦伯赞先生考证："当前宴赏群臣之间，则庭实千品，旨酒万钟……管弦钟鼓，异音齐鸣……"可见宴席的盛况空前。

　　隋唐五代时，宴席更加奢华。到了唐代，宴会的名目更加细致化，出现了新岁宴(元旦)、临光宴(元宵节)、三殿宴(端午节)、赏月宴(中秋节)等宴席。

两宋时期三百多年的历史，是我国餐饮史上承前启后的重要阶段，尤其对满汉全席的形成起到了推波助澜的作用。北宋时期经济繁荣，京都汴梁(今开封)车水马龙、川流不息，全国各地巨商大贾云集于此，南北物产日夜上市，有名大酒店就有七十二家。由于人口流动频繁，东西南北的饮食文化空前大融合起来，极大地促进了全国烹饪技艺和宴席艺术的发展。1127年，赵氏政权迁都临安（今杭州），建立南宋。南宋政权虽是落得半壁江山，然而尚食之风不但未减分毫，反而更甚。随朝廷南下的大批北方百姓中，有不少是名厨或饮食店业主，他们落户杭州后重操旧业，与以杭州为中心的南方菜肴互相融合、取长补短，形成了南料北烹的新菜肴体系。这是我国历史上最大的一次饮食风俗和烹饪技艺的交流，满汉全席集南北名肴之大成的特色即发端于此。

进入元代，民族融合继续加强，"女真食馔"、"畏兀儿茶饭"等菜品与汉族美馔同入宴席食谱，更加丰富多彩。明清时代宴席进入了完全成熟期，明成祖迁都北京后，大批宫廷御厨、官僚家厨及山东民间名厨纷纷北上，南北菜肴汇聚北京，扬长避短，进一步融合。随着八仙桌的问世，宴席的座次尊卑也更加讲究，甚至有专门的"席图"规定等级座次，以坐西面向正东者为首席，不可随意乱坐。满族初入关时，他们的饮食习惯还保留着传统的满族特色。由于清皇族的统治，使得满族的饮食习惯和烹饪技艺在宫廷之中占了主导地位，一方面抑制了汉菜的发展，另一方面也为满汉饮食的交汇融合提供了可能。

二、满族的饮食特点与满汉饮食的融合

（一）满族先民的饮食生活

满族是我国北方的一个古老民族，主要聚居于黑龙江、吉林、辽宁、河北四省和内蒙古自治区，人口近千万。满族的先祖最早见于商周时代，五代时称为女真，后沿用此名。明朝万历年间，建州女真满真部领袖努尔哈赤英勇善战，统一了建州女真、海西女真和野人女真三个部落，1635 年，努尔哈赤的第八个儿子皇太极正式宣布统一后的女真各部统称为满洲。

战国时期以前，满族人主要以游牧、狩猎和采集野生食物为生，到了战国时期，才开始种植五谷。但这时候的满族人的生活依然是原始状态，饮食以烧烤为主，烹饪简单随意。南北朝以后，大批满族人结束了游牧生活，来到富饶的松花江上游和长白山北麓定居，这里土地肥沃，四季分明，对于谷物的种植很适宜。于是他们在继续狩猎、捕鱼的同时也开始种植五谷和圈养家畜，生活上的稳定和食物种类的增多使满族人能够有更多的时间和精力来丰富自己的饮食以改善生活。现在在东北三省的一些小镇和乡村依然保持着用粳米、小米、高粱、小豆等混杂在一起煮干饭的习惯。猪肉作为满族人喜爱的主要肉类品种之一，除用于祭祀外，白煮的烹饪方法最为流行，至今仍是满族人的席上珍馐。此外如羊肉、鹿肉也都颇受青睐。满族人也喜食饵饼类食物，种类可达数十种，食用时多堆叠在大盘子里，高达数尺，供客人享用，这种堆得高而多的饼叫"金钢镯"，又叫"饽饽席"，后来也常出现在"满汉全席"之中。

清入关以前，贵族的宴席非常简单。一般的宴会，是在露天下铺一块兽皮，大家围坐在一起，席地而餐。《满文老档》中记："贝勒们设宴时，尚不设桌案，都席地而坐。"宴会的菜肴，一般是火锅配以炖肉，猪肉、牛羊肉加以兽肉。皇帝出席的国宴，也不过设十几桌、几十桌，也是以牛、羊、猪、兽肉为主，用解食刀割肉为食。

中华饮食

在满族入主中原的同时，其传统饮食文化也被带入中原。当时局势尚未稳定，社会上的反清势力依然存在，导致满清政府对其他民族存有很强的戒备心理。这种戒备也直接影响了宫廷饮食，御厨中的厨师绝大部分为满族人，即使有汉族厨师，也不敢擅自烹制汉菜。因此，当时清宫饮食习惯仍保留满族的饮食习惯。所谓满族习惯，具体来说就是对于菜肴的烹调沿用自己的民族祖先遗留下来的方法，主要有清煮和烧烤两类，但这并不能说满族的食物在制作方法上都很简单，比如清煮猪肉就可以分出油复汤白肉、煮猪头、白片肉、煨猪蹄、白肉血肠、皮汁、皮冻等。据《调鼎集》记载："凡煮肉，先将皮上用利刀横立刮洗三四次，然后下锅煮之，不时翻转，不可盖锅。当先备冷水一盆，置锅边煮拨三次，闻得肉香，即抽去火，盖锅闷一刻，捞起分用，分外鲜美。"另外对白煮肉的改刀方面也有严格的要求，即"割不正不食"，由此可见看似简单的煮肉要真正做好也实属不易。烧烤类佳肴种类也很丰富，有挂炉肉、炙羊肉片、火烧羊肉、叉烧金钱肉、熏鹅、炙鸭、炙鲤鱼、炙仔鹅、炙鱿鱼等。徐柯在《清稗类钞》里记载了当时火烧羊肉的做法："切大块重五七斤者，十铁叉火上烧之。"这也可以看成是现代火烧羊肉的原型，只是当时的技法确显粗糙，现今火烧羊肉的烹技要精细得多，不仅预先用酒、花椒、葱、姜等调料腌渍入味，还可以放入烤箱中自动翻烤，受热均匀，肉质鲜嫩、香味诱人。此外，清初御厨房的烹饪原料，也主要是采自满族人聚居的东北三省，如鹿、野鸭、狍子、熊掌等野味及小米、粳米等主食和豆类。

清朝初期的宫廷宴席或者官府宴请，完全继承了满族的宴俗，在搭配设计上也不十分考究。据谈迁《北游录》记载："清初，满洲贵家款客，撤一席又进一席，贵其叠也。"这种习俗在满汉全席中也有出现，如"上菜三撤席"，"全席可分只大用毕，也可两大连续。"在宴席之中以舞助兴，也是满族宴俗的一个重要内容。据史料记载："满人有大宴会，主家男女，必更迭起舞。大率举一袖于额，反一袖于背，盘旋作势，众皆和之，以此为寿也。"

（二）满汉饮食的融合

虽然满族入关后，他们的饮食习惯保留着传统的民族特色，汉菜在宫廷饮食中无一席之

满汉全席

地，但是随着清王朝的强大和昌盛，清朝统治者逐渐海纳百川、兼容并包，吸收了汉族及其他民族的饮食精华，包括饮茶、酿米酒、制作点心等。而且，政权稳定后清政府实施的一项重要政策就是任用汉族官僚和文人学士，文武官员满汉兼用，这客观上也促进了汉菜在清宫中的悄然兴起。这样的变化是历史的必然，究其原因主要有两点：

一是社会安定，政治开明。随着清王朝政权不断稳固、强大，满族和汉族原有的民族矛盾逐渐消除，在各个族群的文化得到广泛认同并互相交融之后，政治上出现了较为宽松的局面。清太祖努尔哈赤提出了对满、汉官员执行平等的政策，在编制、礼仪，甚至在饮宴和娱乐中，都要求维持一种均衡的局面，甚至"汉之小官及平人前往满洲地方者，得任意径入诸贝勒大臣之家，同席饮宴，尽礼款待"（《满洲秘档》）。因努尔哈赤的旨谕，使得大批由关内迁至满洲定居的汉人能够与满人和睦相处，这不仅有益于生产的发展、社会的安定，也使关内的饮食习俗和制食技艺得以传播，满、汉两族的烹调技艺在相互的交流中互相影响，共同发展。同时也由于满、汉官员之间的和睦共事，不仅使政权更加巩固，也使两族的宴饮习惯更加融合，袁枚在《随园食单·本分须知》中的一段话，很能说明这一点。他说："汉请满人，满请汉人，各用所长之菜，转觉入口新鲜，不失邯郸故步。令人忘其本分，而要格外讨好。汉请满人用满菜，满请汉人用汉菜，反致依样画葫芦，有名无实……"按袁枚这段话来理解，当时满、汉官府各用对方民族肴馔来宴请对方，令对方很不习惯，也达不到和谐融洽的效果，于是后来干脆就将满、汉肴馔中的精品拼在一起，以示不分彼此，和睦友爱。这为满族烹饪更多地吸取汉族烹饪的特长创造了有利条件，也为清中叶"满汉全席"的产生奠定了基石。

二是汉菜有机会在御厨房里崭露头角。在明朝统治时期，宫中御厨多是山东籍厨师，到了清朝，清宫御厨房被留用的山东厨师在宽松的政治环境和皇帝的允许之下开始重新烹制汉菜。像糖醋鲤鱼、拔丝苹果、绣球干贝、酿寿星鸭子等一些山东传统名菜被先后端上御膳餐桌和宫廷筵宴，《调鼎集》中记载了两份当时清宫汉菜宴席的菜单，其中不仅记录了菜名，连烹饪方法也有很详细的记载。在汉族厨师有机会开始大展拳脚的同时，汉菜原料也理所当然地占据了御厨房的一席之地。这和清宫中汉族皇后嫔妃的饮食习惯也大有关系。《养吉斋丛录》记载，清宫中皇后嫔妃都有单独膳房，为了满足汉族嫔妃饮食上的需求，膳房的厨师开列食单并报请清宫内务府所属的御茶膳房和光禄寺，通过采购、御园种植和各地进贡等途径获得所需烹饪汉菜的原料，这也为汉菜在宫廷中的广为流传创造了条件。所以汉菜在宫廷宴席中的地位越来越受到重视。

汉菜在御膳中兴起之后，经过康熙后期、雍正、乾隆初期这漫长岁月的潜移默化，与满菜相互渗透，取长补短，满、汉两种不同的饮食风格更加密切地融合在一起，逐渐被皇室成员所接受和喜爱。康熙后期，皇室的奢华之风渐起，至康熙帝的六十寿辰，宫廷首开千叟宴，康熙两次宴赏老人，先后与65岁以上的老人两千八百余人共宴。相传，康熙在皇宫首尝满汉全席，并亲笔书下"满汉全席"四字，从而确定了满汉全席的地位，在宫廷名噪一时。到乾隆时，浮华之风大盛。乾隆皇帝六次南巡都对汉菜情有独钟。这也最终使得汉菜在御膳中脱颖而出，与满菜各享半壁江山。至此，满汉全席这朵饮食文化的奇葩已经枝叶茂盛，只待绽放了。

虽然之前满席、汉席已经平分秋色，不分上下，但满汉全席的真正成熟时期却是在乾隆时期。乾隆时期，史称"盛世"。康熙、雍正两朝通过继续贯彻努尔哈赤"满汉一体"的政策方针，到了乾隆时期，政治稳定，经济也达到了空前的繁荣。历史上国泰民安、经济繁荣的时期，也是筵宴大发展时期。大唐盛世出现了曲江宴、烧尾宴等名宴，乾隆盛世则产生了千叟宴、满汉全席。这是社会发展在饮食上的直接反映。另外，乾隆本人对于满汉全席的发展也起到了不可忽视的促进作用。作为盛世之君，乾隆在饮食上极为讲究和奢华。为了显示"威加四海，富甲天下"的天子气派，他经常传令御膳房，向天下四方搜罗美味，将各地进贡的山珍海味、珍禽异兽等烹调成各种名菜佳肴供皇室享用或赐宴群臣。其中有所谓"禽八珍"，如红燕、飞龙、鹌鹑、天鹅等。"海八珍"，如燕窝、鱼翅、大乌参、鱼肚、鲍鱼等。"山八珍"，如驼峰、熊掌、猴头、猩唇、豹胎、犀尾、鹿筋等。"草八珍"，如猴头菇、银耳、竹笋、驴窝菌、羊肚菌、花菇等。真可谓世间一切珍食，应有尽有，不计其数。宫廷内的宴席种类也进一步

细化，出现了如"新正筵宴"、"茶宴"、"大蒙古包宴"等，乾隆还喜食南方美味，从而使苏扬菜品进入了宫廷。出于政治的需要和游乐享受的双重目的，乾隆时常巡游各地。他曾五十二次到热河(今承德)行宫消夏，八次巡游山东曲阜祭孔，六下江南视察，四次东巡盛京（沈阳故宫），每到一处，膳食都是大张旗鼓，盛况空前。他在一次南巡时，往返行程五千八百多里，沿途所设的行宫就多达三十多处，铺张与奢华可见一斑。为备御膳之需，仅驮载茶膳房用具等物品的骆驼就达七八百头之多，此外，京师还预先把茶房所用的七十五头乳牛和膳房所用的一千多头羊送往宿迁、镇江等地。每日御膳都是由御厨和各地名厨精心烹调，即使是最简单的一顿饭都有珍肴、面点、瓜果等数十个品种。地方官府为了顺应乾隆的民族进食方式，同时要满足皇帝寻求地方汉食美味的愿望，迎皇筵宴都是趋于一种满、汉食风合璧的形式。所以"满汉全席"在乾隆时期得以成熟也是顺理成章的。

　　此外，乾隆在第五次巡游山东时，同皇后到曲阜祭孔，并将女儿下嫁孔府后代，"陪嫁品"中有一套"满汉宴·银质点铜锡仿古象形水火餐具"。这套餐具共计四百零八件，可盛装一百九十六道菜，出自广东潮城（今潮州）"颜和顺正老店"的潮阳银匠杨义华之手。这是中国仅有的一套完整满汉全席餐具。餐具上镌记年号为"辛卯年"，即 1771 年。也就是说，满汉全席最晚在 1771 年前已经定型，这也从侧面证明满汉全席成熟的大体时间。

中华饮食

三、满汉全席起于宫廷,兴于民间

　　有了统治者的大力推动,满汉饮食得以取长补短充分融合,满汉全席也顺势而生。满汉全席最初起源于宫廷之中,光禄寺的宴制可以说是它的雏形。

　　清宫光禄寺始于顺治元年（1644 年）,是专门管理国家宴席的机构,沿袭明宫膳事机构的体制而设。清朝定都北京后,面对统治全国的形势,宫中膳事活动日益频繁,满族原先简朴的宴席形式已明显不合适,为了完善和健全宫廷膳食体制,统治者们设立了光禄寺。清宫光禄寺的宴制,以满族规制为主。清朝统治者出于政治需要和民族观念,规定朝廷中最重要的筵宴,如新帝的登基宴、皇帝和太后的万寿宴、祭祀宴等均为“满席”食制。后来的“满汉全席”,以“满”字当头,这也可以算是其中的一个历史原因。经过了顺治、康熙、雍正、乾隆四朝的发展,宫廷食制的实际内容也随着清朝政权的发展而潜移默化地受到汉族食俗礼仪及烹饪技艺的濡染和渗透,特别是乾隆时期,这种迹象更为明显。光禄寺的宴制包括满席和汉席,“满席自一等至六等,汉席自一等至三等,又有上席、中席。”（《钦定大清会典》卷七十四）,意思是说满席有六个等级,汉席被划分为三个等级,“满席”由满厨主掌,“汉席”由汉厨主掌。此外还有“上席”和“中席”,它既没有标明是“满席”,也没有标明是“汉席”,应该是介于二者之间的一种宴席。由于政治原因和清廷统治者的民族心理意识以及宫规食制的约束,“上席、中席”不便用满、汉联结的名称出现,笼统地以“上席、中席”谓之也不无可能。唐鲁孙在他的一本书中记述了清宫满汉全席的部分菜谱,他的祖姑母是清皇室的瑾太妃,他接触的都是第一手资料,所以这份菜谱比较权威。满席:四色玉露霜四盘,每盘四十八个,每个重一两二钱五分。四色馅白皮方酥四盘,每盘四十八个,每个重一两一钱。四色白皮厚夹馅四盘(数量及每个重量同上)。白蜜印子一盘,计四十八个,每个重一两四钱。鸡蛋印子一盘,计四十八个,每个重一两三钱。黄白点子二盘,每盘三十个,每个重一两八钱。松饼二盘,每盘五十个,每个重一两。中心合图例饽饽二碗,每碗二十五

个，每个重二两。中心小饽饽二碗，每碗二十个，每个重九钱。红白馓枝三盘，每盘八斤八两。干果子十二盘（龙眼、荔枝、干葡萄等，每盘十两）。鲜果六盘（苹果、樱桃、梨、葡萄等时果）。砖盐一碟（计重六钱）。汉席：宝装一座，用面粉二斤半制成宝装花一攒。大锭八个，小锭二十个。大馒头（面粉、香油、白糖制成）二个，小馒头二十个。包子一盘，蒸饼一盘，米糕二盘。羊肉二盘，每盘一斤。东坡肉一碗（十二两）。木耳肉一碗，盐煎肉一碗，白菜肉一碗（各八两）。肉圆一碗，方子肉一碗，海带肉一碗，炒肉一碗（猪肉八两六两不等）。桃仁一盘，红枣一盘，柿饼一盘，栗子一盘，鲜葡萄一盘（每盘八两）。酱瓜一碟，酱茄一碟，酱芥蓝一碟，十香菜一碟（各五钱）。猪肉一方，三斤。羊肉一方，十四斤。鱼一尾，一斤。从这份菜单可以看出，在原料上，光禄寺的宴席既有用面定额（做饽饽用），又有"汉席"中的肉类菜肴，既有烧方、羊方这类满式菜肴，又有"汉席"中的蒸食、蔬食；而且，还特别写明有关陈设和席面安排，这实际上也就是将满、汉食俗和烹饪加以联结和交融的一类宴席。还有一点不可忽视，光禄寺的"汉席"被规定在传经讲学、文武会试、修书编典等文化活动的应用之内，这充分反映了汉族饮食与汉族的文化一样，已被清廷所接受和认可。所以说，"汉席"现象的存在，即清房烧饼宫御膳中的山东饮食风味和康乾时期引入宫廷的苏扬饮食风味，是后来"满汉全席"中"汉菜"部分的基础。

　　乾隆年间著名的文学家李斗在《扬州画舫录》中记载了一份满汉席的菜单，因为李斗曾"三至粤西，七游闽浙，一往楚豫，两上京师。"从乾隆二十九年至乾隆末年，他将自己"目之所见，耳之所闻"的事情记录下来，写成《扬州画舫录》一书，著名诗人兼烹调研究家袁枚，于乾隆五十八年还为这本书写了序，因此，这本书记载的基本上都是李斗亲身经历过的事情，有重要的史料参考价值。所记膳单如下"上买卖街前后寺观，皆为大厨房，以备六司百官食次：第一份，头号五簋碗十件——燕窝鸡丝汤、海参烩猪筋、鲜蛏萝卜丝羹、海带猪肚丝羹、鲍鱼烩珍珠菜、淡菜虾子汤、鱼翅螃蟹羹、蘑菇煨鸡、辘轳锤、鱼肚煨火腿、鲨鱼皮鸡汁羹、血粉汤、一品级汤饭碗。第二份，二号五簋碗十件——鲫鱼舌烩熊掌、米糟猩唇、猪脑、假豹胎、蒸驼峰、梨片伴蒸果子狸、蒸鹿尾、野鸡片汤、风猪片子、风羊片子、兔脯奶房签、一品级汤饭碗。第三份，细白羹碗十件——猪肚假江瑶鸭舌羹、鸡笋粥、猪脑羹、芙蓉蛋、鹅肫掌羹、糟蒸鲥鱼、假斑鱼肝、西施乳、文思豆腐羹、甲鱼肉片子汤、玺儿羹、一品级汤饭碗。第四份，毛血盘二十件——炙哈尔巴小猪仔、油炸猪羊肉、挂炉走油鸡、鹅、鸭、鸽、猪杂什、羊杂什、燎毛猪羊肉、白煮猪羊肉、白蒸小猪仔、小羊子、白面饽饽卷子、什锦火烧、梅花包子。第五份，洋碟二十件，热吃劝酒二十味，小菜碟二十件，枯果十彻桌，鲜果十彻桌。所谓满汉席也。"这是在目前研究者所见到的满汉全席菜单中，年代最早而且内容最为完整的一份文字资料。

通观全书，可以知道这是一份服侍乾隆南巡的"六司百官"饮宴的"满汉席"食单，共五份一百三十四道菜，是由"上买卖街前后寺观"的"大厨房"所制作的。据该书记载，买卖街是乾隆南巡驻跸扬州期间为便利扈从的官兵购买粮草而设的聚商贸易场地。这条街距大营有一里左右的距离，分为上下买卖街。该书还提到，乾隆在扬州的行宫有四处，分别是天宁寺、焦山、金山和高旻寺。行宫内除了有御花园，还有专门服侍乾隆御膳的地方，称为"茶膳房""进膳门"等。上面提到的满汉席，明确指出是由大厨房制作，所以这种满汉席应该不是供皇帝享用而是专为百官食用的宴席，将涉及皇帝御膳与百官饮宴的地方冠以不同的称谓，这也是当时等级制度的一种反映。"六司百官"在这里应该是泛指随从乾隆南巡的文武大臣。据记载，乾隆南巡时，随从的王公大臣有二千五百多人。这么多人同时用餐饮宴，所需的大厨房和厨师的数目当然也不会少。从中国古代宴席史的角度来分析这份"满汉席"菜单，我们会发现它的宴席格局和菜点构成，是在继承汉唐以来的珍食及宴席格局的基础上，充分吸收了江浙地区的饮食风俗而形成的。

在用料上，它集中了当时社会公认的珍食于一席。可以说山珍海味，水陆珍馐是应有尽有。其中最引人注意的是早在汉唐时即被称作"八珍"的熊掌、猩唇、豹胎、驼峰、果子狸等。猩唇在战国时期就享有"肉之美者，猩猩之唇"的美誉（《吕氏春秋·本味篇》）。唐代诗人李贺更有"郎食鲤鱼尾，妾食猩猩唇。莫指襄阳道，绿浦归帆少"的诗句，说明猩唇在古代一直是备受珍视。关于驼峰，唐代诗人杜甫有这样的赞颂："紫驼之峰出翠釜，水精之盘行素鳞。犀箸厌饫久未下，鸾刀缕切空纷纶。黄门飞鞚不动尘，御厨络绎送八珍。"反映了驼峰在唐代是

颇受喜爱的宫廷美食。陆产中的鹿尾，在古代既是汉菜的珍贵原料，又为满族及其先世所崇尚。鹿尾，南北朝萧梁时的刘孝仪曾说："邺中(今南京)鹿尾，乃酒肴之最。乾隆年间江浙的严文端公品味，以鹿尾为第一。"燕窝、鱼翅、海参、鳖鱼皮等海味，早在明代就已是大江南北宴席的桌上佳肴。比如燕窝，自明朝中叶以来，身价日增，叶梦珠在《阅世编》中记载道："燕窝菜，予幼时(明崇祯年间)每斤价银八钱，然犹不轻用。清顺治初，价亦不甚悬绝也。其后渐长，竟至每斤纹银四两，是非大宾严席，不轻用矣。"即使在现在，燕窝也是滋补的极品。

在菜点构成上，这个由五份珍肴构成的满汉席，前三份具有浓郁的江浙风味。大多是由南方盛产的珍珠菜、淡菜、细鱼、螃蟹和风肉等为主料制成，在与《扬州画舫录》同时期的《随园食单》中记载了当时很多名菜详细的制作方法，如珍珠菜的做法是将珍珠菜择洗干净，再用鸡汤煨。淡菜的做法："淡菜煨肉，加汤颇鲜。取肉去心，酒炒亦可。"风肉的制法："杀猪一口，斩成八块，每块炒盐四钱，细细揉搓，使之无微不到。然后高挂有风无日处。偶有虫蚀，以香油涂之，夏日取用，先放水中泡一宵再煮，水亦不可太多太少，以盖肉面为度。削片时，用快刀横切，不可顺肉丝而斩也。此物惟尹府至精，常以进贡。今徐州风肉不及，亦不知何故。"果子狸："鲜者难得。其腌干者，用蜜酒酿蒸熟，快刀切片上桌。先用米泔水泡一日，去尽盐秽。较火腿觉嫩而肥。"蘑菇煨鸡："口蘑菇四两，开水泡，开去砂，用冷水漂，牙刷擦，再用清水漂四次。用菜油二两，泡透，加酒喷。将鸡斩块放锅内，滚去沫，下甜酒、清酱，煨至八成熟，下蘑菇，再煨少顷，加笋、葱、椒起锅，不用水，加冰糖三钱。"此外还有一些很典型的扬州菜，如文思豆腐羹等。李斗介绍说："文思豆腐羹是扬州天宁寺西园枝上村僧人文思创制的。文思字熙甫，工诗善识，人有鉴虚惠明之风，一时乡贤寓公皆与之友。又善为豆腐羹、甜浆粥，至今效其法者谓之文思豆腐。"

为此书作序的袁枚，在《随园食单》中写道："满洲菜多烧煮，汉人菜多羹汤。"分析这份席单我们可以看到，第四份菜肴较前三份相比，北方和满洲烹调色彩更明显一些。席单中的燎毛猪羊肉、白煮猪羊肉、白煮小猪仔、小羊仔等，都是典型的满洲菜。第四份中的"白面饽饽"也应该指的是以白面为皮的

中华饮食

"满洲饽饽"。对这种饽饽的做法，同时期的《醒园录》中有详细记载:做满洲饽饽法:外皮，每白面一斤，配猪油四两、滚水四两搅匀，用手揉至越多越好。内面:每白面一斤，配猪油半斤(如觉干些，当再加油)，揉极熟，总以不硬不软为度。将前后二面合成一块揉匀，摊开包馅(即核桃肉等类)，入炉熨熟……或用好香油和面更妙。其应用分量轻重与猪油同。

不可忽视的一点是，在看馔的安排上，这份满汉席菜单和当时江浙地区的官场宴席有异曲同工之处。比如席单中的第一份看馔，用料多为海鲜，其顺序是:燕窝、海参、鲜蛏、海带、鲍鱼、淡菜、鱼翅、鱼肚等，这与袁枚同时期的《随园食单》"海鲜单"中的"燕窝、海参、鱼翅、鳆鱼(鲍鱼)、淡菜"等的排列顺序极为相似，这不太可能只是偶然的巧合，而应该是受到当时这一地区流行的官场饮宴习俗的影响。

在宴席的整体布局上，通观全席，可以看出，这份满汉席采取的是海鲜→古八珍→时鲜→满洲菜→酒菜→小菜→果桌的顺序。从第一份到第五份，装菜的器皿也随着看馔的变换而由大到小，即由碗到盘再到碟的用法。关于这种宴席格局，叶梦珠所编的记载明末清初江浙风物的《阅世编》为我们提供了很有价值的参考资料:"肆筵设席，吴下向来丰盛。缙绅之家，或宴官长，一席之间，水陆珍馐，多至数十品。即士庶及中人之家，新亲严席，有多至二三十品者，若十余品则是寻常之会矣。然品必用木漆果山如浮屠样，蔬用小瓷碟添案，小品用攒盒，俱以木漆架架高，取其适观而已。即食前方丈，盘中之餐，为物有限。崇祯初始废果山碟架，用高装水果，严席则列五色，以饭盂盛之。相知之会则一大瓯而兼间数色，蔬用大饶碗，制渐大矣。顺治初，又废攒盒而以小瓷碟装添案，废饶碗而蔬用大冰盘，水果虽严席，亦止用二大瓯。旁列绢装八仙，或用雕漆嵌金小屏风于案上，介于水果之间，制亦变矣。苟非地方官长，虽新亲贵游，蔬不过二十品，若寻常宴会，多则十二品，三四人同一席，其最相知者即只六品亦可，然识者尚不无太侈之忧。及顺治季年，蔬用宋式高大酱口素白碗而以冰盘盛添案，三四人同一席，庶为得中。然而新贵客仍用专席，水果之高，或方或圆，以极大瓷盘盛之，几及于栋，小品添案之精巧，庖人一工，仅可装三四品，一席之盛，至数十人治庖，恐亦大伤古朴之风也。"这段文字虽然只有区区几百字，却把明代崇祯到清代顺治再到康熙初年的三十多

满汉全席

年间江浙宴席格局的演变情况，详细且清晰地描绘出来了。虽然作者叶梦珠在乾隆朝时已去世，没能记下康熙朝后乾隆年间江浙的宴席情况，但和上面李斗记下的这份"满汉席"做一对照，我们依然可以看出乾隆年间扬州"满汉席"的布局情况。

乾隆时扬州的这种满汉席，水陆珍馐无奇不有，在当时可谓豪华之至，尤其是规模之宏大，无与伦比。周代的八珍席，只有六菜二饭而已；《礼记》所载的春秋战国时期"陈馈八簋，味列九鼎"的王公贵族的筵宴，也不过由三十多种菜品组成；历史上著名的唐中宗烧尾宴，是韦巨源拜尚书左仆射后向唐皇奉献的大席，菜点也只有八十余种。规模能超过满汉全席的，只有《武林旧事·高宗幸张府节次略》所记载的清河郡王张俊在家中宴请宋高宗赵构的御宴，全席一共二百五十道菜点，但其中鲜干果品就占了一半。实际上也不能和这道席单相媲美。但是，菜品多不一定都味美，排场大也未必能显其高贵。袁枚正是持这种看法，他对这种宴席的布局做过如下评论："令人慕'食前方丈'之名，多盘迭碗，是以目食，非口食也。不知名手写字，多则必有败笔；名人作诗，烦则必有累句。极名厨之心力，一日之中，所做好菜，不过四五味耳，尚难拿准，况拉杂横陈乎……余尝过一商家，上菜三撤席，点心十六道，共算食品，将至四十余种。主人自觉欣欣得意，而我散席还家，仍煮粥充饥。可想见其席之丰而不拮矣，南朝孔琳之曰：'今人好用多品，适口之外，皆为悦目之资。'余以为看馔横陈，熏蒸腥秽，目亦无可悦也。"对其中的一些菜肴，袁枚也提出了自己的看法，如对于宴席的第一道菜"燕窝鸡丝汤"，袁枚就说："燕窝至清，不可以油腻杂之，是吃鸡丝、肉线，非吃燕窝也。"相比于他所欣赏的粤东杨明府家的"冬瓜燕窝"，可谓是差之矣。对于"鱼翅螃蟹羹"，他也认为："见俗厨从中往螃蟹羹加鸭舌，或鱼翅，或海参者，徒夺其味，而惹其猩恶，劣极矣！"现在看袁枚对这些菜的见解是比较客观的。

上面介绍的满汉席虽然是为随同乾隆南巡的百官所食用，但是与此同期在江浙的其他地方，也流行满汉席。《啸亭杂录》中载："怀柔郝氏，膏腴万顷，纯庙（乾隆）尝驻跸其家，进奉上方水陆珍错百余品，王公近侍及舆抬奴隶，皆供食馔，一日之餐，费至十余万"。可以想见，郝氏能将乾隆请入家中赴宴，是件光宗耀祖的盛事，因此他不惜巨资，在饮宴上做到满、汉看馔并陈，以博乾隆的进食逸兴。另外还有专门为"新亲上门，上司入境"而设的满汉席，袁枚在《随园食单》中说："今官场之菜……有满汉席之称……用于新亲上门，上司入境"。到了晚清时期，满汉全席已在我国一些经济发达的大城市广为流传，由于各地条件的限制，原料及技术的缺乏，许多菜肴无法制作，许多官员和商家只能吸收当地民间筵宴的精华，来保证宴席的数量和规模，这使得满汉全席不断出现分化。最开始主要有南派和北派之分。满汉席的菜品差别不是太大，区别主要在于汉席。北派汉席以孔府菜为主，南派汉席以扬州菜为主。民国初期，对皇家宫廷文化的向往和好奇以及夸富心理的存在，使得一部分人疯狂追捧满汉全席。这进一步推动了满汉全席的发展，使满汉全席变得更是五花八门，产生了"大满汉"、"小满汉"、"新满汉"等不同格局的宴席。饮宴品尝时，有分成全日三餐品尝的，也有分两日四席的，还有的需要整整三日才能结束。大满汉和小满汉主要流行于民国初年的京津地区，大满汉全席共有菜点一百零八品，通常是两人四餐吃完，小满汉全席有菜点六十四品，在一日内用尽。就菜品而言，大、小满汉全席以鲁菜和满菜为主，扬州菜为辅。就地域风格而言，比较有代表性的是晋式、鄂式、川式、苏式和粤式满汉全席。晋式满汉全席从清末民初开始流行于山西，有菜点一百二十四品，除了一部分满族菜以外，大部分是地道的山西菜。如过油肉、栗子炒大葱、三丝鱼翅、长治腊牛肉等。鄂式满汉全席在民国时流传于湖北，是按照满汉全席的程式制作的全鱼宴，有浓郁的湖北地方特色。川式满汉全席共有菜点八十四品，其中满族菜品二十道，满族风味点心五道，汉族菜品四十道，汉族风味点心十九道。汉菜中家畜、家禽、蔬菜占的比重较大，含家畜、家禽的冷热菜肴多达十九道，蔬菜的品种达十一种，菜肴的烹调技法多以炒、烧见长，这是四川满汉全席的突出特点，饶有名气的夫妻肺片、豆瓣鲫鱼、罐儿仔鸡、奶汤鲍鱼、蒜泥白肉拼棒棒鸡丝、皇冠干贝、虫草鸭子都位

列其中。江苏菜系的特点是原料以水产为主，烹调方法多样，尤其擅长炖、焖、煨、焐，烹制原料常采用清炒、清蒸、精炖、白汁，因此菜肴多为羹汤。苏式满汉全席正具有以上特点，除了必有的山珍海味外，螃蟹、鲫鱼、斑鱼肝、西施乳、甲鱼等江苏特产也都是苏式满汉全席的原料。有些菜肴至今仍是江苏菜中的名品，如西施乳(河豚鱼的脂)、文思豆腐、广肚乳鸽、干烧网鲍鱼、莲子蓉方脯等。粤菜擅长点心制作，其美味堪称中国一绝，所以广式满汉全席菜单中

点心占了不小的比重，品种之多让人目不暇接。广东人喜爱用独创的调味品蚝油来烹制菜肴，满汉全席中有一道名菜就是"蚝油鲜菇"。除了包含广式传统菜点，广式满汉全席的一些菜品在烹调上吸收了不少西式做法，"鲜奶苹果露"就是由西点演化而来的，很受人们的欢迎。各地满汉全席除具有当地饮食特色外，在流传的过程中也互相影响。如川式满汉全席中的金丝山药是受北方名菜"拔丝山药"的影响。粤式满汉全席中的"京都熏鱼"引用的是北京的做法。广式满汉全席中的"金陵片皮鸭"明显采用的是南京的烹制方法。

20世纪60年代，随着香港地区商业和服务业的迅速发展，一些外国游客对中国传统饮食文化充满好奇，尤其是对集满族与汉族菜点精品为一体的中华大席——满汉全席向往不已，这也为满汉全席的重出江湖拉开了序幕。1965年，香港金龙酒家应日本旅游团的要求，率先尝试以传统方式制作了满汉全席，这次席单上共有七十二道菜肴。此后，满汉全席的热潮席卷了香港饮食界，并影响了泰国、新加坡、日本等国家，各个地区的商家纷纷结合当地的菜品与饮食特点承办满汉全席。他们不仅在菜肴的名目上立异出新，在宴席礼仪、宴会设施、餐具等方面也都结合当地的饮食文化做了相应的调整。从1975年开始，北京仿膳饭庄和颐和园听鹂馆开始承办这一巨型宴会。改革开放后，随着内地经济的迅猛发展，人们的生活水平逐渐提高，一些先富起来的人带头掀起了新一轮的满汉全席热。辽宁、山东、四川、江苏、广东等地的大饭店相继开始承办满汉全席。目前，仅北京就有北海仿膳饭庄、仿膳饭庄正阳门分号、仿膳饭庄东单分号、仿膳饭庄贡院分号、颐和园听鹂馆、听鹂馆久凌分店、听鹂馆马甸分店、安定门外汇珍楼、颐和园如意饭庄、昌平宫廷大酒店、北海御膳外厅、西城白孔雀膳楼、天坛御膳饭店等十三家饭店承办满汉全席。仿膳饭庄的仿膳菜以选料考究、制作精细、色型美观、口味清淡、注重营养而备受赞誉。沈阳的御膳酒楼和新世界大酒楼在制作满汉全席方面也很有名气。

综上所述，我们可以说，满汉全席虽然兴起于宫廷，却在民间发扬光大。

四、满汉全席宴请过程及典型宴席菜谱

"满汉全席"作为隆重丰盛的宴席，其规格等级、排场礼仪也都格外讲究。下面以四川官场中的满汉宴席为例介绍一下其宴请过程。

凡受邀宾客都要按制排列座次，顶戴朝珠，身着公服入席。"满汉全席"

的进餐程序繁多而复杂，凡宾客至，即奏细乐示迎，先送上毛巾净面，随后送上香茗（茶盅虽大，但为上好绿茶），接着便以四色精美点心和银丝细面奉客，称为"到奉"。吃罢"到奉"，便开始"茗叙"。沏好茶，奉上瓜杏手碟（即瓜子、杏仁对镶在碟里，供随时用手取食），这时，客人可以弈棋、吟诗、作画或随意交谈。等宾客到齐后，由主客请各位宾客"更衣"或换便服入席。所设席桌和入席的先后顺序，都要严格按照职位顶戴、朝珠公服划分，待役人员分别恭立席后，职司各位大人的饮食情况，随时示意位列下席的府县官员敬酒上菜。此时，酒席台面已经摆好，有四生果(即鲜橙、甜柑、柚子、苹果)、四京果 (即红瓜子、炒杏仁、荔枝干、糖莲子)、四看果(即用木瓜或沙葛雕成如甜橙、杨桃、苹果、雪梨等鲜果状的物品，在冬季或春季设宴时，由于季节、运输和冷藏条件有限，不能提供时令鲜果，所以制成水果状作为摆设)。宾客入座后，先将鲜果削皮献上，再上四冷荤喝酒，继上四热荤。酒过三巡，上大菜鱼翅。然后撤去碟碗，献香巾擦脸。之后再上第二度的双拼、热荤。小歇，又献一次香巾，接着再上第三度、第四度菜点。第四度之后，第五度上饭菜、粥汤。食毕，用一个精致的小银托盘，盛牙签、槟榔供宾客使用，再上一遍洗脸水，叫做"槟水"。至此，宴席宣告结束。整个宴席过程中要换三次"台面"，碗盏家什三套。自入席至食毕，上"八大菜"前换一次"台面"；食至"八中碗"的"全丝山药"菜时，上"茶点"；待"八大菜"上到第六菜时，又上"中点"；"八大菜"上齐后，再上"席点"（其中"桐州软饼"、"芝麻烧饼"不上）。食过后，又换一次"台面"，由位居下席的府县官员依次到各席请大人"升位"，把席面抬出，

重新更换桌面安好；又由府县官员依次请各位大人"得位"（所谓"升位"、"得位"，是清代官场中比喻"升官""得官"的吉利话）。坐定之后，上"烧烤"的同时，上"桐州软饼"、"芝麻烧饼"；食毕点心，再换一次"台面"，仍由下席官员请各位大人"升位"、"得位"，直至宴席结束。

全席共十三桌，席次如下：

首席，钦差大臣（无钦差时也同样设此一席）；一席，正主考；二席，副主考；三席，学院；四席，总督；五席，将军；六席，军门；七席，布政使；八席，按察使；九席，成绵道；十席，盐茶道；十一席，都统；十二席，成都府、成都县、华阳县。

（一）满汉全席之蒙古亲潘宴

蒙古亲潘宴是清朝皇帝为了招待与皇室联姻的蒙古亲族所设的御宴。一般在正大光明殿设宴，由满族一、二品大臣作陪。历代皇帝对这类宴会都很重视，每年都会循例举行。受宴的蒙古亲族更是视能参加此宴为大福，对皇帝在宴中所例赏的食物十分珍惜。《清稗类钞·蒙人宴会之带福还家》一文中记载道："年班蒙古亲王等入京，值颁赏食物，必之去，曰带福还家。若无器皿，则以外褂兜之，平金绣蟒，往往汤汁所沾，淋漓尽，无所惜也。"

蒙古亲潘宴席单：

茶台茗叙：古乐伴奏、满汉侍女、敬献白玉奶茶

到奉点心：茶食刀切、杏仁佛手、香酥苹果、合意饼

攒盒一品：龙凤描金攒盒龙盘柱（随上干果蜜饯八品）

四喜干果：虎皮花生、怪味大扁、奶白葡萄、雪山梅

四甜蜜饯：蜜饯苹果、蜜饯桂圆、蜜饯鲜桃、蜜饯青梅

奉香上寿：古乐伴宴、焚香入宴

前菜五品：龙凤呈祥、洪字鸡丝黄瓜、福字瓜烧里脊、万字麻辣肚丝、年字口蘑发菜

饽饽四品：御膳豆黄、芝麻卷、金糕、枣泥糕

酱菜四品：宫廷小黄瓜、酱黑菜、糖蒜、腌水芥皮

敬奉环浆：音乐伴宴、满汉侍女敬奉、贵州茅台

膳汤一品：　龙井竹荪

御菜三品：　凤尾鱼翅、红梅珠香、宫保野兔

饽饽二品：　豆面饽饽、奶汁角

御菜三品：　祥龙双飞、爆炒田鸡、芫爆仔鸽

御菜三品：　八宝野鸭、佛手金卷、炒墨鱼丝

饽饽二品：　金丝酥雀、如意卷

御菜三品：　绣球干贝、炒珍珠鸡、奶汁鱼片

御菜三品：　干连福海参、花菇鸭掌、五彩牛柳

饽饽二品：　肉末烧饼、龙须面

烧烤二品：　挂炉山鸡、生烤狍肉、随上荷叶卷、葱段、甜面酱

御菜三品：　山珍刺龙芽、莲蓬豆腐、草菇西兰花

膳粥一品：　红豆膳粥

水果一品：　应时水果拼盘一品

告别香茗：　信阳毛尖

(二) 满汉全席之廷臣宴

廷臣宴于每年上元后一日即正月十六日举行，是时由皇帝亲点大学士、九卿中有功勋者参加，固兴宴者荣殊。一般于奉三无私殿设宴，宴时循宗室宴之礼，皆用高椅，赋诗饮酒，每岁循例举行。蒙古王公等也都参加。皇帝借此施恩来笼络属臣，同时又是对廷臣们功禄的一种肯定形式。

廷臣宴席单：

丽人献茗：狮峰龙井

干果四品：蜂蜜花生、怪味腰果、核桃蘸、苹果软糖

蜜饯四品：蜜饯银杏、蜜饯樱桃、蜜饯瓜条、蜜饯金枣

饽饽四品：翠玉豆糕、栗子糕、双色豆糕、豆沙卷

酱菜四品：甜酱萝葡、五香熟芥、甜酸乳瓜、甜合锦

前菜七品：喜鹊登梅、蝴蝶暇卷、姜汁鱼片、五香仔鸽、糖醋荷藕、泡绿菜花、辣白菜卷

膳汤一品：一品官燕

中华饮食

御菜五品：砂锅煨鹿筋、鸡丝银耳、桂花鱼条、八宝兔丁、玉笋蕨菜

饽饽二品：慈禧小窝头、金丝烧卖

御菜五品：罗汉大虾、串炸鲜贝、葱爆牛柳、蚝油仔鸡、鲜蘑菜心

饽饽二品：喇嘛糕、杏仁豆腐

御菜五品：白扒广肚、菊花里脊、山珍刺五加、清炸鹌鹑、红烧赤贝

饽饽二品：茸鸡待哺、豆沙苹果

御菜三品：白扒鱼唇、红烧鱼骨、葱烧鲨鱼皮

烧烤二品：片皮乳猪、维族烤羊肉、随上薄饼、葱段、甜酱

膳粥一品：慧仁米粥

水果一品：应时水果拼盘一品

告别香茗：珠兰大方

（三）满汉全席之万寿宴

万寿宴是清朝帝王的寿诞宴，也是内廷的大宴之一。后妃王公、文武百官，无不以进寿献寿礼为荣。其间名食美馔不可胜数。如遇皇帝、太后等大寿，则庆典更为隆重盛大，会有专人专司来筹备宴会。衣物首饰，装潢陈设，乐舞宴饮一应俱全。光绪二十年十月初十日慈禧六十大寿，于光绪十八年就颁布上谕，寿日前月余，筵宴即已开始。仅事前江西烧造的绘有万寿无疆字样和吉祥喜庆图案的各种釉彩碗、碟、盘等瓷器，就达二万九千一百七十余件。整个庆典耗费白银近一千万两，其寿宴奢华在中国历史中屈指可数。

万寿宴席单：

丽人献茗：庐山云雾

干果四品：奶白枣宝、双色软糖、糖炒大扁、可可桃仁

蜜饯四品：蜜饯菠萝、蜜饯红果、蜜饯葡萄、蜜饯马蹄

饽饽四品：金糕卷、小豆糕、莲子糕、豌豆黄

酱菜四品：桂花辣酱芥、紫香干、什香菜、暇油黄瓜

攒盒一品：龙凤描金攒盒龙盘柱

随上五香酱鸡、盐水里脊、红油鸭子、麻辣口条、桂花酱鸡、番茄马蹄、油焖草菇、椒油银耳

前菜四品：万字珊瑚白、寿字五香大虾、无字盐水牛肉、疆字红油百叶

膳汤一品：长春鹿鞭汤

御菜四品：玉掌献寿、明珠豆腐、首乌鸡丁、百花鸭舌

饽饽二品：长寿龙须面、百寿桃

御菜四品：参芪炖白凤、龙抱凤蛋、父子同欢、山珍大叶芹

饽饽二品：长春卷、菊花佛手酥

御菜四品：金腿烧圆鱼、巧手烧雁鸢、桃仁山鸡丁、蟹肉双笋丝

饽饽二品：人参果、核桃酪

御菜四品：松树猴头蘑、墨鱼羹、荷叶鸡、牛柳炒白蘑

烧烤二品：挂炉沙板鸡、麻仁鹿肉串

膳粥一品：稀珍黑米粥

水果一品：应时水果拼盘一品

告别香茗：茉莉雀舌毫

（四）满汉全席之千叟宴

千叟宴始于康熙，盛于乾隆时期，是清宫中规模最大，与宴者最多的盛大御宴。康熙五十二年（1713年）在阳春园第一次举行千人大宴，康熙帝即兴赋《千叟宴》诗一首，固得宴名。乾隆五十年（1785年）于乾清宫举行千叟宴，与宴者三千人，即席用柏梁体选百联句。嘉庆元年正月再举千叟宴于宁寿宫皇极殿，与宴者三千零五十六人，即席赋诗三千余首。后人称谓千叟宴是"恩隆礼洽，为万古未有之举"。

千叟宴席单：

丽人献茗：君山银针

干果四品：怪味核桃、水晶软糖、五香腰果、花生蘸

蜜饯四品：蜜饯橘子、蜜饯海棠、蜜饯香蕉、蜜饯李子

饽饽四品：花盏龙眼、艾窝窝、果酱金糕、双色马蹄糕

酱菜四品：宫廷小萝卜、蜜汁辣黄瓜、桂花大头菜、酱桃仁

前菜七品：二龙戏珠、陈皮兔肉、怪味鸡条、天香鲍鱼、三丝瓜卷、虾籽冬笋、椒油茭白

膳汤一品：罐焖鱼唇

御菜五品：沙舟踏翠、琵琶大虾、龙凤柔情、香油膳糊肉丁、黄瓜酱

饽饽二品：千层蒸糕、什锦花篮

御菜五品：龙舟鳜鱼、滑溜贝球、酱焖鹌鹑、蚝油牛柳、川汁鸭掌

饽饽二品：凤尾烧卖、五彩抄手

御菜五品：一品豆腐、三仙丸子、金菇掐菜、溜鸡脯、香麻鹿肉饼

饽饽二品：玉兔白菜、四喜饺

烧烤二品：御膳烤鸡、烤鱼扇

野味火锅：随上围碟十二品

山珍十一品：鹿肉片、飞龙脯、狍子脊、山鸡片、野猪肉、野鸭脯、鱿鱼卷、鲜鱼肉、刺龙牙、大叶芹刺五加、鲜豆苗

膳粥一品：荷叶膳粥

水果一品：应时水果拼盘一品

告别香茗：杨河春绿

（五）满汉全席之九白宴

九白宴始于康熙年间。康熙初定蒙古外萨克等四部落时，这些部落为表示忠心，每年以九白为贡，即白骆驼一匹、白马八匹，以此为信。蒙古部落献贡后，皇帝摆御宴招待使臣，称为"九白宴"。每年循例而行。后来道光皇帝曾为此作诗云："四偶银花一玉驼，西羌岁献帝京罗"。

九白宴席单：

丽人献茗：熬乳茶

干果四品：芝麻南糖、冰糖核桃、五香杏仁、菠萝软糖

蜜饯四品：蜜饯龙眼、蜜饯莱阳梨、蜜饯菱角、蜜饯槟子

饽饽四品：糯米凉糕、芸豆卷、鸽子玻璃糕、奶油菠萝冻

酱菜四品：北京辣菜、香辣黄瓜条、甜辣干、雪里蕻

前菜七品：松鹤延年、芥末鸭掌、麻辣鹌鹑、芝麻鱼、腰果芹心、油焖鲜蘑、蜜汁番茄

膳汤一品：蛤什蟆汤

御菜一品：红烧麒麟面

热炒四品：鼓板龙蟹、麻辣蹄筋、乌龙吐珠、三鲜龙凤球

饽饽二品：木犀糕、玉面葫芦

御菜一品：金蟾玉鲍

热炒四品：山珍蕨菜、盐煎肉、香烹狍脊、湖米茭白

饽饽二品：黄金角、水晶梅花包

御菜一品：五彩炒驼峰

热炒四品：野鸭桃仁丁、爆炒鱿鱼、箱子豆腐、酥炸金糕

饽饽二品：大救驾、莲花卷

烧烤二品：持炉珍珠鸡、烤鹿脯

膳粥一品：莲子膳粥

水果一品：应时水果拼盘一品

告别香茗：洞庭碧螺春

（六）满汉全席之节令宴

节令宴是指清廷内部按固定的年节时令而设的筵宴。如元日宴、元会宴、春耕宴、端午宴、乞巧宴、中秋宴、重阳宴、冬至宴、除夕宴等，皆按节次定规，循例而行。满族虽有其固有的食俗，但入主中原后，在满汉文化的交融中

和统治的需要下，大量接受了汉族的食俗。又由于宫廷的特殊地位，食俗定规逐渐完善。其食风又与民俗和地区有着很大的联系，故腊八粥、元宵、粽子、冰碗、雄黄酒、重阳糕、乞巧饼、月饼等用具在清宫中一应俱全。

节令宴席单：

丽人献茗：福建乌龙

干果四品：奶白杏仁、柿霜软糖、酥炸腰果、糖炒花生

蜜饯四品：蜜饯鸭梨、蜜饯小枣、蜜饯荔枝、蜜饯哈密杏

饽饽四品：鞭蓉糕、豆沙糕、椰子盏、鸳鸯卷

酱菜四品：麻辣乳瓜片、酱小椒、甜酱姜牙、酱甘螺

前菜七品：凤凰展翅、熊猫蟹肉虾、籽冬笋、五丝洋粉、五香鳜鱼、酸辣黄瓜、陈皮牛肉

膳汤一品：罐煨山鸡丝燕窝

御菜五品：原壳鲜鲍鱼、烧鹧鸪、芜爆散丹、鸡丝豆苗、珍珠鱼丸

饽饽二品：重阳花糕、松子海罗干

御菜五品：猴头蘑扒鱼翅、滑熘鸭脯、素炒鳝丝、腰果鹿丁、扒鱼肚卷

饽饽二品：芙蓉香蕉卷、月饼

御菜五品：清蒸时鲜、炒时蔬、酿冬菇盒、荷叶鸡、山东海参

饽饽二品：时令点心、高汤水饺

烧烤二品：持炉烤鸭、烤山鸡、随上

薄饼、甜面酱、葱段、瓜条、萝卜条、白糖、蒜泥

膳粥一品：腊八粥

水果一品：应时水果拼盘一品

告别香茗：杨河春绿

20世纪20年代，在北京和天津献艺的著名相声演员万人迷编了一段"贯口"词，罗列了大量菜名，名为"报菜名"，有人认为满汉全席之称最早是来自于这份报菜名菜单，这个说法仍待考证。报菜名菜单列举如下：

蒸羊羔、蒸熊掌、蒸鹿尾儿；

烧花鸭、烧雏鸡儿、烧仔鹅；

卤煮咸鸭、酱鸡、腊肉、松花、小肚儿、晾肉、香肠；

什锦苏盘、熏鸡、白肚儿、清蒸八宝猪、江米酿鸭子；

罐儿野鸡、罐儿鹌鹑、卤什锦、卤仔鹅、卤虾、烩虾、炝虾仁儿；

山鸡、兔脯、菜蟒、银鱼、清蒸哈什蚂；

烩鸭腰儿、烩鸭条儿、清拌鸭丝儿、黄心管儿；

焖白鳝、焖黄鳝、豆豉鲇鱼、锅烧鲇鱼、炸皮甲鱼、锅烧鲤鱼、抓炒鲤鱼；

软炸里脊、软炸鸡、什锦套肠、麻酥油卷儿；

熘鲜蘑、熘鱼脯儿、熘鱼片儿、熘鱼肚儿、醋熘肉片儿、熘白蘑；

烩三鲜、炒银鱼、烩鳗鱼、清蒸火腿、炒白虾、炝青蛤、炒面鱼；

炝芦笋、芙蓉燕菜、炒肝尖儿、南炒肝关儿、油爆肚仁儿、汤爆肚领儿；

炒金丝、烩银丝、糖熘饹炸儿、糖熘荸荠、蜜丝山药、拔丝鲜桃；

熘南贝、炒南贝、烩鸭丝、烩散丹；

清蒸鸡、黄焖鸡、大炒鸡、熘碎鸡、香酥鸡、炒鸡丁儿、熘鸡块儿；

三鲜丁儿、八宝丁儿、清蒸玉兰片；

炒虾仁儿、炒腰花儿、炒蹄筋儿、锅烧海参、锅烧白菜；

炸海耳、浇田鸡、桂花翅子、清蒸翅子、炸飞禽、炸葱、炸排骨；

烩鸡肠肚儿、烩南荠、盐水肘花儿、拌瓢子、炖吊子、锅烧猪蹄儿；

烧鸳鸯、烧百合、烧苹果、酿果藕、酿江米、炒螃蟹、汆大甲；

什锦葛仙米、石鱼、带鱼、黄花鱼、油泼肉、酱泼肉；

红肉锅子、白肉锅子、菊花锅子、野鸡锅子、元宵锅子、杂面锅子、荸荠一品锅子；

软炸飞禽、龙虎鸡蛋、猩唇、驼峰、鹿茸、熊掌、奶猪、奶鸭子；

杠猪、挂炉羊、清蒸江瑶柱、糖熘鸡头米、拌鸡丝儿、拌肚丝儿；

什锦豆腐、什锦丁儿、精虾、精蟹、精鱼、精熘鱼片儿；

熘蟹肉、炒蟹肉、清拌蟹肉、蒸南瓜、酿倭瓜、炒丝瓜、焖冬瓜；

焖鸡掌、焖鸭掌、焖笋、熘茭白、茄干儿晒卤肉、鸭羹、蟹肉羹、三鲜木樨汤；

红丸子、白丸子、熘丸子、炸丸子、三鲜丸子、四喜丸子、汆丸子、葵花丸子、饹炸丸子、豆腐丸子；

红炖肉、白炖肉、松肉、扣肉、烤肉、酱肉、荷叶卤、一品肉、樱桃肉、马牙肉、酱豆腐肉、坛子肉、罐儿肉、元宝肉、福禄肉；

红肘子、白肘子、水晶肘、蜜蜡肘子、烧烀肘子、扒肘条儿；

蒸羊肉、烧羊肉、五香羊肉、酱羊肉、汆三样儿、爆三样儿；

烧紫盖儿、炖鸭杂儿、熘白杂碎、三鲜鱼翅、栗子鸡、尖汆活鲤鱼、板鸭、筒子鸡。

（七）成都的送点主官满汉席

道光十八年（1838 年）成都官员杨海霞去世，杨海霞的子孙请杨海霞的老师李西沤为主厨，并献上一桌宴席。菜单如下：

燕窝、鱼翅、刺参杂烩、鱼肚、火腿白菜、鸭子、红烧蹄子、整鱼。

热吃八个：鱼脆、冬笋、虾仁、鸭舌掌、玉肉、鱼皮、百合、乌鱼蛋。

围碟十六个、瓜子、花生米、杏仁、桃仁、甘蔗、石榴、地梨、橘子、蜜枣、红桃蘸、红果、瓜片、羊羔、冻肉、鸭、火腿 。

烧小猪一头、哈尔巴、大肉包、槽子糕一盘、绍兴酒一坛。（中菜的惯例是正菜在前，小吃佐食在后）

（八）民国初年的满汉全席食单

王仁兴先生在《中国饮食谈古》中，提供了一份民国初年的满汉全席单：

四拼碟子：盐水虾、佛手蜇、松花蛋、芹菜头、南火腿、头发菜、白板鸭、红皮萝卜

四高庄碟：红杏仁、大青豆、小瓜子、白生仁

四鲜果碟：橘子、青果、石榴、鸭梨

四蜜钱碟：白橘、枇杷、绣球、青梅

四果品碟：白桃仁、茶尖、松子仁、桐子仁

四糖饯碟：苹果、莲子、百合、南荠

八大件：清炖一品燕菜、南腿炖熊掌、溜七星螃蟹、红烧果子狸、扒荷包鱼翅、清炖凤凰鸭、清蒸麒麟松子仁杏仁酪、石榴子烩空心鱼肚

十六个小碗：红烧美人蛏干、炒雪花海参、爆炒螺丝鱿鱼、炒金钱缠虾仁、烩青竹猴头、锅贴金钱野鸡、蜜汁一品火腿、烧珊瑚鱼耳、金银翡翠羹、溜松花鸽子蛋、虾卧金钱香菇、烧如意冬笋、烩银耳、炸鹿尾、烩鹿蹄、烹铁雀

八样烧烤：四红：烧小猪、烧鸭子、烧鲫鱼、烧胸叉。四白：白片鸡、白片羊肉、白片鹅、白片肉。四碟：片饽饽、荷叶夹、千层饼、月牙饼

八押桌碗：烩蝴蝶海参、红烧鲨鱼皮、佘蛤士蟆、清蒸四喜、红烧天花鲍鱼脯、酿芙蓉梅花鸡、烩荷花鱼肚、烩仙桃白菜

四上随饭碗：金豹火腿炒南荠、南腿冬菜炒口蘑、冬笋火腿炒四季豆、金腿丝溜金银绿豆芽

四个随饭碟：炝苔干、拌海蜇、调香干、拌洋粉

点心：头道：一品鸳鸯、一品烧饼，随杏仁茶；二道：炉干菜饼、蒸豆芽饼，随鸡馅饺；三道：炉牛郎卷、蒸菊花饼，随圆肉茶。四道：炉烙馅饼、蒸风雪糕，随鱼丝面

四样面饭：盘丝饼、蝴蝶卷、满汉饽饽、螺丝馒头

四望菜碟：干酪、白菜、桃仁、杏仁

饭：米饭、稀饭

（九）北京仿膳饭庄制作的满汉全席

这份宴席是1978年仿膳饭庄应日本富士贸易株式会社的请求，由清宫"抓炒王"的高徒王景春制作而成的。

进门点心：高汤卧果

三道茶食：莲子茶、桂圆茶、龙井茶

手碟：青果、樱桃、枇杷果

四桂果：瓜子仁、松子仁、熟栗子、桂圆肉

四糕品：长生糕、黑麻糕、绿豆糕、莲子糕

四整鲜：香蕉、柠檬、肥桃、苹果

四蜜碗：洛镇桃仁、虾茸茭白、口蘑豆米、松子香菇

四花拼：福、禄、寿、喜四字冷荤

上八珍：红烧猩唇、夸炖驼峰、玉笔猴头、红扒熊掌、芙蓉燕菜、黄养凫脯、红焖鹿筋、猴脑

八行件：炒兰花虾仁、黄焖绣球鸡肫、白扒芦笋、红烧黄唇肚、清炸赤鳞鱼、清汤牡丹银耳、白汁裙边、蜜蜡莲子桂圆

双点心：（二咸点一汤）三鲜烧卖、炸蝴蝶锤绒、豆苗三丝汤；（二甜点一粥）桂花方脯、重阳糕、细米粥

四松碟：火腿鸡榁、松子鱼松、芝麻肉松、翡翠虾松

红白烧烤：烤整乳猪、烤果子狸、烤填鸭、烤排子、烤哈儿巴、烤花篮鲑鱼、烤肥油鸡、烤鹿尾

点心：通州烧饼、子孙饽饽、千层饼、荷叶卷；酸菜汤（各吃）

下八珍：蝴蝶海参、扒鲍鱼龙须菜、花酿大大石子、凤眼竹笋、香酥鸭子、绣球干贝、珊瑚蛎黄、番茄乌鱼蛋

五福碗：荷花鱼翅、红蒸凤眼肉、黄焖雏鸡块、奶油布袋鸡、奶油黄唇胶

四小炒：烧酿鲜辣椒、鸡蛋焖子、拌什锦菜、炒瓮菜

四面饺：三鲜伊府面、蟹黄汤面包、拔丝饼、烙盒子

四色包：枣泥包、水晶包、豆沙包、果馅包

四卷食：蝴蝶卷、绣球卷、如意卷、羊尾卷

四小菜：糖蒜、吉祥瓜、甘萎、酱杏仁

蝎子碟：炸活蝎（每位一只）

槟榔碟

（十）港式满汉全席菜单

第一道：冷盘：孔雀开屏。热荤：皇母蟠桃（蛙、蟹、胡桃仁炒成）、视春锦绣（用填鸭睾丸和茸炒成）、加禾官燕（燕窝汤）、挂炉大

鸭、京扒全瑞（整鳖）、雪耳鸽蛋、白炒香螺（薄片蝶、螺）、瑞草灵芝（鳖、鱼唇和虾炖成的汤）。点心：翡翠秋叶（虾饺）、鲜虾鱼友角。水果：木瓜。

第二道：拼盘：龙楼凤阁。热荤：桂花脊髓（猪、牛髓与桂花蓉炒）、飞鹏展翅（鹤肉鱼翅汤）、大红乳猪、海上时鲜（蒸鱼）、红烧网鲍片（酒蒸鲍鱼加蚝油风味作料）、油泡北鹿丝（鹿肉撒柠檬薄片）、木丝汤。

第三道：拼盘：雁行平沙。热荤：电影红梅（猪肚炒鸭肝）、宝鼎明珠（炒鲜虾）、广松仙鹤（炖整鹤）、红烧果子狸、大同脆皮鸡、珊瑚北口蛤（蛙鱼炒蟹）、时蔬扒鸭（炖鸭舌）、宝蝶穿衣（鲍鱼、竹笋、青菜）、凤舞罗衣（炖鸡皮、鲍鱼、虾、笋）。

点心：蚧肉片儿面（用薄饼把鸡汤炖的蘑菇和青菜包起来）。

第四道：拼盘：双飞蝴蝶。热荤：比翼鸳鸯（青蛙、鸡翅）、金丝鸽条（鸽肉炒青菜）、京扒熊掌、婆参蚬鸭（海参蚬鸭）、虾儿吧（猪蹄炖虾）、松子烩龙胎（炖鲨鱼肠）、蘑菇扒凤掌、酸辣汤（鸡鱼豆腐）。

另有小菜和各式鲜果。

中华饮食

196

五、满汉全席广为流传的独特魅力

满汉全席历经了百余年的风雨变换，不仅没有消亡，反而在中国大地上流传甚广，衍生出众多流派，这不能不令人称赞。那么，满汉全席到底有什么独特魅力，以至经久不衰成为了人们心中不可超越的经典呢？

（一）讲究仪礼，气势宏大

满汉全席源于宫廷宴席，当时它是作为权力的象征出现的，要体现出皇家气派，而后在人们追求皇家饮食文化的体验和夸富心理的驱使下流行于民间。满汉全席程序严谨，讲究礼节，既有汉族宴席的传统礼仪，又有满族的规矩，比如宫廷满汉全席就有列班、入座、进茶、赐茶、进酒、赐酒、谢恩等一系列规程。满汉全席开宴之前，在外膳房总理大人的指挥下，赴宴人身着官服依照官员品位的高低，分两路进人，待到皇帝驾到时，列队恭迎，鼓乐齐鸣。宴会室"配上椅披、桌裙、插屏、香案"，餐具的形状规格都要依据菜品原料的特点而定，极为考究。大件瓷器须做成鸡、鸭、鱼等各种形状，又称之为"船"。鸡形者盛鸡、鱼形者盛鱼，谓之鸡船、渔船。盛甜味羹汤等，采用锡制的"水套子"，有内外两层，内层盛羹汤，外层装沸水，以保汤之热度，而且全部餐具都由金银玉牙珍宝精瓷所制，极其昂贵。像我们之前提到的孔府"满汉宴·银质点铜扬仿古象形水火餐具"就是摆满汉席所用的餐具。宴席的每席人数和桌张都有定制，清宫大宴上所谓一席就是一人一几，汉人用高桌，满人用矮桌，民间多为四人一桌，即八仙桌。但当代满汉全席的礼仪并不这么严格，开始出现八人或十人一桌或使用圆台面。在民间，满汉全席多用于"新亲上门，上司入境"，非特大庆典不设。开宴时，列队迎宾，大张鼓乐。宾生们一个个锦衣绣服，轿迎车送，前呼后拥，礼让而升。酒三巡，则进烧猪，膳夫、仆人皆衣礼服而入。膳夫奉以侍，仆人解所佩之小刀弯割之，盛入器，屈一膝，献首座之专客。专客

起箸，造座者始从而尝之，典至隆也。席间还有曼妙歌舞以助雅兴。乾隆皇帝六下江南时，每日膳食都是山珍海味，最简单的一餐也有数十种菜，上行下效，官绅人家迎待贵客无不倾其所有，以大开满汉全席为荣，豪商大贾也以此席亮富斗富，满足自己的虚荣心理。民国初年，蒙古科尔沁亲王贡桑诺尔布的福晋过四十大寿，在北京什刹海会贤堂举办满汉全席。因有荣寿固伦公主赴宴，特邀名优梅兰芳、杨小楼、余叔岩、姜妙香、肖长华、金秀山、裘桂仙、程继先等大唱堂会，满、蒙、汉王公贝勒、贝子大臣云集，民国达官显贵皆至，排场之大，冠绝一时。

（二）原料丰富，工艺精湛

满汉全席用料广泛，天上地下无所不有。最为著名的是"禽八珍"：红燕、飞龙(为北方的一种野鸡)、鹌鹑、天鹅等；"海八珍"：燕窝、鱼翅、大乌参、鱼肚、鱼骨、鲍鱼等；"山八珍"：驼峰、熊掌、猴头、猩唇、豹胎、犀尾、鹿筋等；"草八珍"：猴头蘑、银耳、竹笋、驴窝菌、羊肚菌、花菇等，外加满族风味的乳猪、哈尔巴(猪肘)、烤鱼、烤鸡及酥盒子、烧卖、蒸饺、蛋糕、片饽饽等。满汉全席还囊括了油、烫、酥、仔、生、发六种面性制成的点心，运用了立、飘、剖、片等二十余种刀法，汇集了煎、炒、爆、熘、烧、煮、炖、焖、蒸、烩、炸、烤，腌、卤、醉、熏等烹饪技艺，又加以冷碟中桥形、扇面、梭子背、一顺风、一匹瓦、城墙垛等十多种镶雕手法，最后用形态各异的碗、盏、盘、碟等餐具加以衬垫。无论是刀工、组配、火候、调味，还是装盘、造型，均是一菜一格，百看百味，是名副其实的集烹饪技艺大成之作。从席谱编排的特点看，菜肴中较为注重京朝菜和江浙菜，点心中较为注重满族茶点和宫廷小吃，并且将烧烤置于最显要的位置之上，这就是《清稗类钞》中所说的："于燕窝、鱼翅诸珍错外，必用烧猪、烧方，皆以全体烧之。"显然，这是由清朝特殊的政治经济背景和社会习俗所决定的，从这一方面也彰显了在美食之中蕴含的深厚的文化积淀。

（三）菜式众多，注重搭配

满汉全席向来以奢华著称，其菜式少则五十余道，多则二百多道，很多时候是取一百零八这个吉利的数字。汉、满、蒙、回、藏，东、西、南、北、中的精品菜式在此都有所展现，仿佛是中华美食大展示一样。通常由高装、四大件、八大件、十六碗、四红、四白、点心、随饭碗、随饭碟、面饭、茶果等部分构成。其中，冷荤、热炒、大菜、羹汤、茶酒、饭点、蜜果与手碟，多为四件或八件一组，成龙配套，分层推进。显得多而不乱，广而不杂，精而不吝，丰而不俗。由于菜式多，宴饮中也穿插了多处休息游戏时间，或听戏、或打牌、或抽大烟、或逗宠物，然后再继续饮宴。有的席面分三餐品尝，有的要持续两天，还有的需要三天九餐才能结束。满汉全席的席谱一般都是按照大席套小席的格式来设计，全体菜式整体看来浑然一体，井然有序，有"四到奉"、"四冷荤"、"四热荤"、"四冷素"、"四热素"等，就局部看又是可以单独成立的小宴席。同时还极为讲究菜式的搭配，例如吃"烤乳猪"要配"酸辣汤"和"千层饼"；吃"片皮鸭"要配"长春汤"和"饽饽"；吃"干烧伊面"要配"草菇上汤"等。热冷干鲜，酸甜辣咸，搭配合理，使人感觉吃之不重、吃之不腻、吃之不尽。

满汉全席以其礼仪隆重、用料华贵、菜点繁多、技艺精湛等独特魅力在中国烹饪史上占有承前启后的重要地位，是中国古代烹饪文化的一项宝贵遗产。品味满汉全席，不仅是漫游在中国饮食文化长河之中，领略中国菜肴色、香、味、形、质、器、名、时、养"九美"兼备的传统，同时更能看到出中国饮食文化吸收烹饪学、营养学、食品学、历史学、社会学、民俗学、美学、音乐歌舞、工艺美术等展现出的辉煌成就。世界赋予中国以"烹饪王国"的桂冠可谓是实至名归。

六、满汉全席中几道菜名的有趣传说

满汉全席里的每道菜，都有一段有趣的故事传说，这里试举四例：

艾窝窝的传说：相传清朝乾隆皇帝平息了大、小和卓叛乱后，把维吾尔族首领美貌绝伦的妻子抢到宫中做自己的妃子，封为香妃。香妃被抢到北京后，思念家乡和自己的丈夫，茶饭不思，令乾隆很是为难。他传旨下去，说谁要是能做出香妃爱吃的东西，就重重有赏。御厨们于是各显神通，山珍海味各色点心做了不少，可是香妃却连看都不看，御厨们因此都一筹莫展，想不出什么好

法子。自从香妃被抢走后，她的丈夫也日夜思念她，于是跋山涉水历尽辛苦也来到了北京。正好听说皇帝在为香妃不思茶饭的事情着急，于是就化名为艾买提，做了一盘江米团子献了上去。这江米团子是他家祖传的自制点心，他相信，香妃看了江米团子一定会认得出是他的手艺。当江米团子送到宫中，太监问他这是什么食物，他想自己既然化名艾买提，就叫它艾窝窝吧。果然，香妃见到江米团子后，喜出望外，她知道自己的丈夫也已经来到了北京。她掩饰住自己内心的喜悦，拿起江米团子吃了起来。乾隆看见香妃终于吃东西了，非常高兴，不仅重赏了艾买提，还命令他天天制作艾窝窝送到宫里给香妃吃。从此，艾买提和艾窝窝就出了名，流传到民间后，也深受人们的喜爱。

游龙戏凤的来历：据说在明正德年间，武宗朱厚照在一次私访中来到一个叫梅龙镇的小县城，这个县城有一家很有名的酒店，是由一对叫李龙和李凤的兄妹所开，附近的人们都亲切地称呼李凤为凤姐。一日武宗朱厚照来到了这家酒店，见凤姐美若天仙气质不俗，便让凤姐备下佳肴美酒。凤姐亲手做了一道鸡鱼合烹的菜式，武宗朱厚照品尝后大加赞赏，非常高兴，便问凤姐这道菜叫什么名字，凤姐说这是她自制的，还没有起名字，武宗朱厚照便说："这道菜美味无比，不如就叫'游龙戏凤'吧。"凤姐也因为手艺高超随武宗朱厚照一起回了宫。从此，"游龙戏凤"成为了明朝宫廷名菜，一直流传至今。现在北京

和辽宁依然很流行，只是做法略有不同。

芸豆卷和豌豆黄的传说：相传有一天慈禧太后正坐在北海静心斋歇凉，忽然听到城墙外的大街上传来敲打铜锣的声音，还夹杂着吆喝的声音。慈禧纳闷，忙让身边的太监去看看是卖什么的，太监出去看了之后回来禀报说是卖芸豆卷和豌豆黄的。慈禧一时兴起，就传令下去让侍卫把此人带进宫来。来人不知太后何意，来到慈禧跟前急忙下跪求饶。出乎意料的是，慈禧竟然说想尝尝他卖的芸豆卷和豌豆黄，这个人于是双手奉上食物请太后品尝，慈禧尝罢，赞不绝口，并把此人留在了宫中，专门为她做芸豆卷和豌豆黄。从此，芸豆卷和豌豆黄名气大增。

抓炒里脊的来历：据说有一次慈禧食欲不振，面对着御膳房呈上的各种山珍海味，一点胃口都没有，一口都没有吃就让太监全部撤下了。这可急坏了御膳房的御厨们，做不出能让太后喜欢的菜，万一降旨怪罪下来大家可是要吃不了兜着走的。就在大家急得团团转的时候，有一个平时负责烧火的伙夫灵机一动，想出了一个不是办法的办法。他抓了一些猪里脊肉放在碗里，又倒入一些蛋清和湿淀粉，胡乱的搅和在一起，倒在锅里便炒了起来，炒熟后装在了盘子里。御厨们看了都面面相觑，并议论这样杂乱无章的菜，怎能登上大雅之堂呢？这时有一位老御厨说："反正也没有什么别的好办法，况且谁也摸不准太后平时到底喜欢吃什么，不妨就把这道菜端上去试试。"于是就把这道菜呈了上去。慈禧此时正有微饿之感，忽然香气扑鼻，只见端到面前的这道菜，色泽金黄、荤素杂陈、油亮滑润、与众不同，顿时食欲大开，举著一尝，更是觉得美味无比，便问上菜的太监："这道菜叫什么名字，怎么以前没吃过呢？"太监急中生智答道："这道菜不是御厨做的，而是御膳房里一个伙夫为老佛爷烹制的，叫'抓炒里脊'。"慈禧听了小太监的话，对这道别出心裁的抓炒菜看很感兴趣，便传来这个伙夫，赏赐了很多银两，因为伙夫姓王，又封他为"抓炒王"，由伙夫提为御厨，专为太后烹调抓炒菜。从此，抓炒里脊闻名宫廷，并逐渐形成了宫廷的四大抓炒，后来成为北京地方风味中的独特名菜。

七、满汉全席几道菜品的制作方法

御龙火锅：原料：五花肉、香菇、黄蘑菇、粉丝、酸菜、大海米、干贝、火腿。

调料：清汤、料酒、精盐、酱豆腐、香菜末、韭菜花、卤虾油、芝麻油、辣椒油。

做法：1.用水将带皮五花肉洗净，刮去细毛。将香菜洗净，切去根，切成2分长的段。用刀将水发香菇、水发黄蘑菇切成长1寸5分、宽6分、厚1分的片。将粉丝放入盆中，注入开水，浸泡10分钟，涨发好后捞出，剪成长约4寸的丝。用水将酸菜洗净，切去根，切成长1寸5分、宽8分的片。将大海米放碗中，注入开水浸泡20分钟。

2.在锅中注入清水，放入猪肉，上火烧开，撇去浮沫，在火上煮至六成烂时捞出，控净水，稍凉后切成长2寸、厚1分的大薄片。

3.火锅中先放入粉丝和酸菜片，然后将猪肉片、干贝、大海米、黄蘑菇片、火腿片、香菇片间隔顺序地码在酸菜粉丝上，注入清汤，加入料酒、精盐对好口味，用炭火烧开，烧十分钟。

4.将酱豆腐放入小碗内，用凉开水研成卤状。将香菜末放入小盘内。将韭菜花、卤虾油、芝麻油、辣椒油分别放入小碗中，同白肉火锅一起上桌。

火烤羊肉串：原料：羊后腿。

调料：酱油、椒盐、麻油。

做法：羊后腿肉切成长方片，取十根银钎，一根穿七块羊肉。把酱油加调料拌匀。把羊肉并排加在微火上烤，随烤随将酱油刷在肉上，并撒上椒盐，3分钟后，带内呈酱红色，用同样的方法烤背面，两面刷上麻油即成。这道菜色泽酱红，肉质鲜嫩，味道麻辣鲜香。

金钱吐丝：原料：鲜虾、马蹄、猪肥肉、面包、鸡蛋清。

调料：精盐、料酒、玉米粉、花椒、盐。

做法：1.首先将鲜虾去头尾及外壳，挑去沙线，用水洗净。将马蹄拍碎，用刀剁成末。将鲜虾肉及猪肥肉用刀背砸成茸。将面包切成直径1寸、厚1分的圆形片，其余剁成面包粉。

2.将虾肉茸和猪肥肉茸放入碗中，加入精盐、料酒、玉米粉搅拌上劲，再放入马蹄末、鸡蛋清搅拌成糊，用手挤成直径1寸的丸子，放在面包片上，四周用小刀抹齐。将面包粉过细，然后将细面包末撒在虾托上面，用手压实。

3.坐煸锅，注入1公斤花生油，烧至六成热时下入虾托，炸至金黄色时捞出，控净油，放在盘中即成，连同花椒盐一起上桌。

龙凤柔情：原料:鳜鱼肉、鸡脯肉、豆苗。

调料:料酒、精盐、鸡蛋清2个、湿淀粉、清汤、酱油少许、花生油、鸡油。

做法:1.将鱼肉剔去皮，将鸡脯肉剔出去皮和筋。将以上两种原料均切成5厘米长的细丝分别放入两个碗中。分别加入料酒、精盐各少许拌匀再分别放入1个鸡蛋清、5克玉米粉。把鱼肉丝和鸡肉丝浆好，将豆苗切去根洗净切成寸段。

2.坐煸锅，注入花生油烧至五成热时，将鱼肉丝和鸡肉丝分别下入锅中滑熟。分别倒入两个漏勺中，控净油。

3.煸锅中留底油，放入滑熟的鱼肉丝和料酒，精盐、酱油各少许。注入75克清汤，略加煸炒，加入用水调稀的玉米粉，勾芡，然后倒入圆盘的另一边，呈半圆形。

4.锅中留底油，放入豆苗煸炒，同时加入料酒、精盐各少许，翻炒均匀，倒在鱼肉丝和鸡肉丝的中间即可。

芙蓉大虾：主料：鲜大虾。

配料：鸡茸、鸡蛋清。

调料：料酒、精盐克、湿玉米粉、鸡油、熟猪油、清汤、火腿末和菜末少许。

做法：1.大虾去头尾，剥去外壳，挑净沙线，用刀片开成两片，如果虾大可片成四片，然后用清水洗干净，放入碗中。加少许精盐、料酒，鸡蛋清1个和玉米粉浆。

2.将鸡茸放在碗中，加入料酒、精盐、玉米粉拌匀，再加入三个鸡蛋清，拌成稀糊。

3.坐油锅，注入熟猪油，烧至五成热时下入浆虾片，滑熟后捞出，控净油，倒入鸡茸稀糊中拌匀。油锅继续坐火上，烧至五成熟时下入裹糊虾片，滑熟后倒入漏斗中，控净油。

4.锅中留底油少许，倒入虾片，加入料酒、精盐、清汤翻炒一下。用湿淀粉勾芡，淋上鸡油，出锅装盘，撒上火腿末和油菜末即可。

鸳鸯戏水：原料：鳜鱼、鸡脯、明虾、黄瓜、鸡蛋清。

调料：盐、味精、黄酒、高汤。

做法：1.鳜鱼出骨片成鱼片，鸡脯片成片，明虾和黄瓜切片，把蛋清打成泡糊状，放入匙内上笼蒸熟，做成鸳鸯和莲蓬造型。

2.在锅里放入高汤和调料，烧开后放入鳜鱼片、鸡片、明虾片、黄瓜片，待开锅后装入品锅内，然后将鸳鸯和莲蓬放入汤内即可。

繁花似锦：原料：白玉豆腐、红椒、青椒。

调料：色拉油、盐、味精、高汤。

做法：1.将豆腐切成梅花形，把青椒和红椒切丝。

2.把豆腐放入盆内加入调料，上笼蒸十分钟后取出，放上青椒丝和红椒丝，再勾芡即可。

火烧蛤蜊：原料：活河虾。

调料：盐、味精、五粮液、芝麻酱、香菜、葱、姜、青椒、醋精、麻油、酱油。

做法：1.将麻酱加调料后，调匀成芝麻酱小料，将香菜、葱、姜、青椒切成末，加入调料后也调匀成小料，放如小碗内。

2.上席时将白酒倒在活河虾上，加盖闷几分钟后即可食用，食用时将河虾蘸小料即可。

松鹤延年：原料：香菇、鸡脯肉、黄瓜、蛋白、蛋松、菜松、樱桃。

调料：盐、味精、麻油。

做法：1.将香菇烧熟，批成片，将黄瓜打成扇片。

2.用香菇、黄瓜拼装成松树的造型，将鸡脯、蛋白、黄瓜拼成鹤形。

鲜果龙船：原料：大冬瓜、枇杷、龙眼、葡萄、樱桃。

调料：白糖、醋精。

做法：1.将冬瓜雕刻成龙船。

2.各种水果加入糖、醋精，装入龙船内。

这道菜造型美观，味道酸甜爽口。